新概念阅读书坊

BUKE-SIYI DE WAIXINGREN Y

UFO 不可思议的
SHENMI QI'AN

外星人与UFO神秘奇案

主编◎崔钟雷

吉林美术出版社

图书在版编目（CIP）数据

不可思议的外星人与 UFO 神秘奇案 / 崔钟雷主编 . —长春：
吉林美术出版社，2011.2（2023.6 重印）
（新概念阅读书坊）
ISBN 978-7-5386-5236-9

Ⅰ . ①不 …　Ⅱ . ①崔 …　Ⅲ . ①地外生命 – 青少年读物
②飞碟 – 青少年读物Ⅳ . ① Q693–49 ② V11–49

中国版本图书馆 CIP 数据核字（2011）第 015245 号

不可思议的外星人与 UFO 神秘奇案

BUKE–SIYI DE WAIXINGREN YU UFO SHENMI QI'AN

出 版 人　华　鹏
策　　划　钟　雷
主　　编　崔钟雷
副 主 编　刘志远　张婷婷　于　佳
责任编辑　栾　云
开　　本　700mm×1000mm　1/16
印　　张　10
字　　数　120 千字
版　　次　2011 年 2 月第 1 版
印　　次　2023 年 6 月第 4 次印刷
出版发行　吉林美术出版社
地　　址　长春市净月开发区福祉大路 5788 号
　　　　　邮编：130118
网　　址　www.jlmspress.com
印　　刷　北京一鑫印务有限责任公司
书　　号　ISBN 978-7-5386-5236-9
定　　价　39.80 元

前　言

　　书，是那寒冷冬日里一缕温暖的阳光；书，是那炎热夏日里一缕凉爽的清风；书，又是那醇美的香茗，令人回味无穷；书，还是那神圣的阶梯，引领人们不断攀登知识之巅；读一本好书，犹如畅饮琼浆玉露，沁人心脾；又如倾听天籁，余音绕梁。

　　从生机盎然的动植物王国到浩瀚广阔的宇宙空间，从人类古文明的起源探究到21世纪科技腾飞的信息化时代，人类五千年的发展历程积淀了宝贵的文化精粹。青少年是祖国的未来与希望，也是最需要接受全面的知识培养和熏陶的群体。"新概念阅读书坊"系列丛书本着这样的理念带领你一步步踏上那求知的阶梯，打开知识宝库的大门，去领略那五彩缤纷、气象万千的知识世界。

　　本丛书吸收了前人的成果，集百家之长于一身，是真正针对中国青少年儿童的阅读习惯和认知规律而编著的科普类书籍。全面的内容、科学的体例、精美的制作、上千幅精美的图片为中国青少年儿童打造出一所没有围墙的校园。

编　者

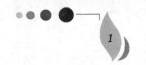

目　录

第三类接触

遗落的史前文明

YILUO DE SHIQIAN WENMING

远古文明之谜

宇宙考古学的研究命题——"地球人类实际上不是完全独立发展而来的，而是由于远古的某一时期与来自地外的文明生物进行了若干接触，受干涉乃至援助而逐步进化出来的。"

谜团重重

在人类文明的进程中，人类在认识神秘的未知现象领域走过了一段漫长的道路，过去许多使人感到困惑不解的事物，现在人们已经能够科学地认识它们。但是，在考古学上仍然有许多历史悬案令今人感到疑惑不解，它们像谜一样萦绕在人类的记忆之中。

案例展现

目前，已发现的大量人类化石和考古发掘的遗址表明，人类的文明史中有许多现象具有超自然力量的"影子"：是否有来自宇宙的智能生物曾访问过我们这个星球，并且有意无意地推动了人类的进步？

古代的居民如果没有同先进的文明接触过，他们怎么会掌握那些神奇的科学技术知识呢？

史前人类留下的那些即使在今天也令人叹为观止的建筑奇迹是如何建造完成的呢？

古人（如埃及人）用什么方

法将巨大而坚硬的石块开采出来，并进行切割、起吊，特别是长途搬运的呢？而且在没有使用灰浆的情况下他们是如何将之垒砌成雄伟的建筑物的呢？

古人如何会懂得复杂的建筑艺术、数学、物理、化学和天文学的高深知识呢？

那些描绘现代物品、先进技术或者物理学、天文学现象的古代岩画、石雕、传说和史诗等作品，是如何创作出来的呢？这些作品的完成似乎与人类正常的发展速度并不协调。

新石器时代和铜器时代的人们掌握了什么样的冶炼技术，以至能加工出某种金属，甚至可以生产出铝、铜和不锈钢合金？是谁发明或者是谁教会了古人这些技术的？

是什么样的技术使远古人类能够制造出钴含量很高并带有磁性的石头圆盘、发电机、伏打电池乃至打磨过的水晶透镜和比今天的纺织品还要精细的织物？又是何种工艺能使他们切割石头的精度达到毫米，加工金属的精度达到微米的呢？古人留下的放射性物质痕迹又说明了什么？古代的飞行器是如何应用汞和钛的？

远古的人们从哪里获得了不仅有关太阳系，而且有关遥远的银河系中星球的确切知识？古人丰富的天文学知识也经常令现代人目瞪口呆。

远古人从哪里获得了丰富的数学知识，以至能够计算到小数点后 15 位，并解开了一些只有电子计算机才办得到的立体几何难题？他们又是从何处获得了物理学的知识，能够描述太空飞行及其特有

的现象，诸如失重、速度的加大对人体造成的影响，以及"时间的延缓"等概念的呢？

有些古老的描述、名称或者地图包含着地球某些地区甚至整个大洲的详细情况，它们显然是从空中乃至高空进行测量才能得出的结果——这些说明了什么？

人类远古祖先从哪里获得

远古岩画将幻想和崇仰的心理融合在一起，形成了相对独立的精神力量，扩展了人们的思维

了惊人的解剖学和医学知识，以至能够进行摘除白内障、穿颅和整容手术，而且还能准确地截断和再植骨头，治疗一些复杂的血液循环、呼吸系统疾病与内科传染病。果真有无所不能的神医吗？

古人修建了长达60千米的降落跑道，在250米高的岩壁上雕凿出方位标记，并且建造了圆拱形堡垒和入口设在屋顶的塔式房屋……这一切是何人完成的？这些东西是用来做什么的呢？

某些远古岩画和半浮雕上的人物服装怎么会与现代人的服装如此相似，手套、靴子、灯笼裤或紧腿裤、毛衣、羊皮里上衣等都不可思议地相似。

新石器时代的人们受到什么图案的启发，设计出了带有天线、头盔、呼吸器、观察孔、眼镜、金属按扣、密封装置和贮气筒的古怪潜水服或飞行服呢？

为什么有些传说中神仙乘坐的是水流推动的物体或机器，而且全都装有轮子、履带、翅膀和探照灯，起飞时能"喷烟吐雾"，这些难道纯粹是人类祖先的主观臆断吗？

上述这些在今天看来都颇为神异的事件，却一件件真实地发生在人类的远古时代，发生在茹毛饮血的石器时代，这样的谜团如果能解开，对我们人类今天的发展意义将非常重大。

远古时代的宇航员

艺术是社会生活的重要反映形式，它可以比较形象地反映当时人们的生活状态，绘画艺术更是如此。画家总是根据他所熟悉的东西作画。令人百思不得其解的是，在世界一些地方发现的某些岩石壁画，却完全违背了这个规律……

无名峡谷传奇

1933 年，驻扎在撒哈拉的法军中尉布伦南带领一支侦察队进入了塔里西山脉中的一个无名峡谷，并在这荒无人烟的峡谷石壁上发现了大量壁画。1956 年，考察队员们对壁画进行了专门的考察，发现画中记述的是 10 000 年前的景象。其中有不少作品画的是"圆头"人像，画上的人有一个巨大的圆头，身穿厚重笨拙的服饰，有两只眼睛，却没有嘴巴和鼻子。现在看来，这些圆头人像与现在戴着宇航帽、穿着宇航服的宇航员颇为相似。

考察队员发现，为数不少的岩画上都有身着类似宇航服装的人物形象或近似于现代飞行器一类的图案。据考证，创

作这些壁画时，人类文明还外在萌芽阶段，生产力落后，技术陈旧，远古的人类绝对制造不出这样密封式的头盔，绝不会超越时代假想出这样的设备，更何况这些宇宙人的模样又是出现在人迹罕至的山石上。所以，这些岩画中所表达出来的真正含义仍令人难以理解。

帕伦克艺术品

墨西哥的帕伦克有不少墓碑上都刻有图画。这些艺术作品据说是玛雅人的杰作。其中有一幅刻在玛雅僧侣石棺上的浮雕显得非常奇特。画上描绘的是一个男人的形象，他屈身向前，双手握在一些把手或旋钮上，似乎是坐在一个正在飞行的飞船座舱里，飞船的排气部还冒着火花。这部机器边上雕刻着太阳、月亮和灿烂的群星，分明就是行驶在宇宙中的航天器。这幅岩画最引人注目的是男人双手放在飞行器的凸出部分——大概是操纵杆或把手上。在古代的墨西哥，根本没有任何种类的飞行器，更谈不上宇宙飞船了。那么，玛雅人真的是在向我们诉说一个关于外星人的故事吗？

多贡人的飞船绘画

多贡人至今还保存着一张图画，图画描绘的是他们信仰的神驾驶一艘拖着一条火焰的飞船从天而降的场面。而且多贡人在这张图画上不仅画了一个圆圈来代表月面，而且在月面的左下方画有 7 条以

辐射状散开的细纹线。这就是说，这幅月图准确地表现了月球上大环形山中心辐射出的巨大辐射纹。这一成果如果在望远镜问世之后出现当然不足为奇，但是尚处于原始社会的人类居然能够将这些图描绘得如此清晰，却令人感到十分意外。

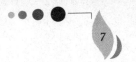

外星人遗址

柴达木盆地位于我国青藏高原的东北部，北依高大的祁连山，西临阿尔金山，南接昆仑山和唐古拉山系，总面积为32万平方千米。它在亿万年前曾是一片汪洋大海，欧亚板块的漂移和喜马拉雅山脉的隆起造就了这块高原盆地。

 托素湖

盆地西南有两个高原湖泊如璀璨的明珠镶嵌在盆地上，一个被叫作托素湖，一个被称为可鲁克湖。令人不可思议的是托素湖为咸水湖，而可鲁克湖却是淡水湖，巴音河将其隔开，两湖水质泾渭分明。

外星人的踪迹

托素湖畔的"外星人遗址"是柴达木盆地最神秘的地方。在托素湖的东北角有一座白山，当地人称其为白公山。白公山位于青海省海西蒙古族藏族自治州首府德令哈市西南四十多千米处的怀头他拉乡，四面是荒漠和沼泽，沙丘和戈壁随处可见。白公山上的岩洞形状像一个巨大的问号，而白公山上那些文字更令人感到神秘莫测。这里真的是外星人造访地球时留下的遗迹吗？从柴达木

盆地目前发现的人类活动的文物资料来看，这一地区的人类最早活动时限可追溯到上万年以前。在出土文物中，远者有兽骨、石器、陶器或皮革，近者有青铜器、刀箭和丝绸织物等等，虽然也有毛纺织品，但都工艺简单、制作粗糙。柴达木盆地自然条件恶劣，人烟稀少，当地人从未有过较发达的工业开发史。遍查史书，从未找到有关此地工业的只言片语的记载。新中国成立以后，国家虽然曾经几次大规模开发过柴达木，但根本未在托素湖周围施过工。据当地人回忆，除了白公山北草滩偶有流动牧民外，这一地带没有任何居民定居过。所以可以肯定，托素湖畔根本就没有古人或现代人的大规模工业遗址。

岩洞探秘

近年来，人们在白公山上发现了神秘铁管，这引发了人们浓厚的兴趣。有些人甚至认为这是外星人的遗留物，他们的依据是柴达木盆地地势高、空气稀薄、透明度极好，是观测天体宇宙的理想地点。依据这种观点分析，托素湖一带是星际交往的最佳地点，外星人如果光临地球，托素湖应该是首选升降地点之一。白公山山脚下依次分布着3个岩洞，中间的岩洞最大，而其余的两个已经被坍塌的碎石掩埋。中间的洞穴离地面约有两米，洞深约六米，最高处约

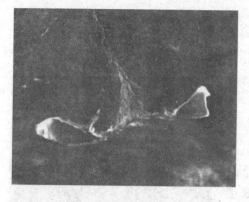

八米。与通常所见的岩洞不同，它有点像人工开凿的洞。洞内上下左右都是清一色的砂岩，除了沙子之外，别无他物。令人吃惊的是：一根直径为 40 厘米的大铁管从山顶斜插到洞内，由于多年的锈蚀，现在只能看见半边管壁。另一根相同口径的铁管从底壁通入地下，只露出管口，可以测量其直径大小，却无法知道它的长短。洞口处有十余根直径在 10 厘米~40 厘米的铁管穿入山体，铁管之间距离不等。管壁与岩石完全吻合，不像是先凿好洞后再放进管子，而像是直接把铁管插入了坚硬的岩石。其余各处的铁管都有这个特点，可见铁管的施工安装技术非常高超，不可能是人类的杰作。洞口对面约 80 米处就是托素湖，在离洞口四十多米的湖滩上，又有许多铁管散见于裸露的砂岩上。这些呈东西走向延伸的铁管，直径较山下的小。从残留的铁管形状上看，有直管、曲管、交叉管、纺锤形管等，形状各异。最细的铁管内径不过一根牙签粗细。虽经岁月的腐蚀、沙子的填充，但细管内并没有被堵塞。更令人奇怪的是，还有一些铁管分布在湖水里，有的露出水面，有的隐藏在咸涩的水里，形状和粗细同湖滩上的铁管类似。

铁管的构成物

在柴达木盆地生活了数十年的居民说，这里的一些管片曾被送到中国第二大有色金属冶炼集团下属的锡铁山冶炼厂进行化验。冶炼厂化验室工程师在对管片化验后认为，管片样品成分中氧化铁的含量占 30% 以上，二氧化硅和氧化钙含量较大，这与砂岩、沙子和铁的长期锈蚀有关，说明管道的时间已极其久远。此外，样品中还有 8% 的元素无法化验出其成分。

化验结果更增加了管道的神秘。有人甚至断言：这里便是外星人发射塔的建筑遗址。

关于"外星人遗址"的解释

这些铁管是史前留下的遗物吗？也许，在我们这个时代的人类之前，还有一种高度发达的文明存在过，他们的工业、文化水平都高于现在，那个时代的人类被冰川灭绝后，其遗物犹存。可这个说法显然不科学，因为这一带根本没有发生过冰川活动。

2002年4月，11位中国地质学界专家为探明"外星人遗址"组成课题组亲赴托素湖考察。专家们发现，这些奇特的管状物分布在距今五六百万年前的第三季砂岩层中，都呈现出铁锈般的深褐色，成分以氧化铁为主。谈到管状物成因，专家表示有多种可能：一种是植物埋葬形成的化石；另外管状物也可能是砂岩快速沉积形成的，这在沉积岩石学上是很常见的现象；专家们认为岩浆活动也是铁管形成的可能因素，地下岩浆上升到地面，岩浆中含铁的物质凝聚形成了管状物。虽然不排除人工钻凿、安装的可能，但专家组认为所谓的"外星人遗址"还是一种地质现象。

外星人的选择

外星人为什么会选择柴达木盆地的白公山呢？这可能是因为柴达木特殊的地理环境为观察天体宇宙提供了良好条件。中国科学院紫金山天文台在德令哈建立青海天文站后的几年中，陆续发现了一百多个星系，观测效果极佳。据此特点，有关专家认为，以外星人的眼光来看，柴达木德令哈一带是星际交往的最佳选择，特别是白公山一带条件更优越。

UFO 传说

UFO CHUANSHUO

UFO 与古代文明

根据科学分析，地球的年龄大约在 35 亿年—40 亿年，这相对于宇宙的年龄来说不值一提，但对人类而言却相当漫长，人类进化至今大约用了 30 万年—40 万年时间。

人类有文字可考的历史不超过 5 000 年，但是 4 600 年前的人类却建筑起了大金字塔。人类穿上衣服的历史也不过只有 4 000 年，大西洋海底却发现了 11 000 年前的精致铜器……这些说明了什么呢？

UFO 之谜

我们不能武断地说外星智慧生命曾经干预了地球生命的演化进程，但是，至少我们可以说在人类历史的整个进程中，UFO 现象一直伴随着人类的发展历程。世界上的不同地域、不同民族在远古时期的传说和历史记载中都有过类似的描述，人类历史上的诸多不解之谜是 UFO 现象与人类历史联系的最好佐证。为了更加清醒地认识人类文明与 UFO 的渊源，需要我们对这些不解之谜进行认真的思考和分析。

"地球文明反复"说

地球本土文明曾出现过反复，这种反复即我们所经历的文明只不过是已经毁灭的文明的重建与再现而已！也许这样就可以解释18世纪末法国石匠所使用的工具为什么与3亿年前岩层中的化石类似了。同样，这种说法也可以解释包裹在岩石中的铁钉、采煤钻头、项链、钟形金属瓶、汽车火花塞等文明产物是怎么回事了。

"地外文明介入"说

在地球文明发展过程中曾有地外文明的介入。这种介入地球文明的地外文明自然优越于地球，因此也就在地球上直接留下了或通过地球人间接留下了显著超越当时时代的诸种文明产物。其中有些文明产物佐证了地球文明同地外文明有着某种微妙的联系。由于现在的人们无法了解历史上这种早已存在的星际联系的背景，因而也就无法理解这类文明遗迹的真正意义了。

世界 UFO 事件

SHIJIE UFO SHIJIAN

神秘飞行物首次现身

在 1947 年，商人凯尼斯·阿诺鲁特无意中看到了奇怪的高空飞行队。新闻一经发布即刻轰动了全世界，而"在空中飞行的盘子"一词也随之出现了。但事情并未到此结束，一个月后，他被卷入了一件又一件的怪事之中……

雷伊尼亚山上空的"空中飞碟"

飞碟并不是一种新鲜事物，在古代人所绘的壁画中已经可以看到不明飞行物了。而在魔鬼传说盛行的中世纪，也有不少关于不明飞行物的

描述。至于"flying saucer"飞碟的英文名称，则是在无意中产生的，时间始于 1947 年。

"flying saucer"直译为"在空中飞行的盘子"，这个名字很快就传遍了全世界。而创造了这个名词的人就是前面提到的飞行爱好者凯尼斯·阿诺鲁特。

发现飞碟

1947 年 6 月 24 日午后 2 时，阿诺鲁特正驾驶私人飞机从华盛顿州的吉哈里斯回到雅其马镇的家中。出发后不久他就收到空军传来的无线电，要求他搜索一架在雷伊尼亚地区失踪的海军运输机。阿诺鲁特接受请求后便改变方向朝着雷伊尼亚山飞去。午后 3 时前后，

阿诺鲁特飞到了雷伊尼亚山上空 2 900 米的地方。

就在他享受驾驶乐趣之时，机身突然出现一阵令人目眩的反光，阿诺鲁特连忙往四周看去，只见左上方有 9 架飞机正排着队以极快的速度飞向雷伊尼亚山。开始时他以为那是空军的战斗机，然而，那些飞机正在作大角度的急速上升和下降。而且，可以确信的一点是，那种速度当时没有任何飞机办得到。于是，阿诺鲁特又想可能是新研发出来的机种吧！他无法看清那些飞机的轮廓，因为太阳光太强烈了。

阿诺鲁特用手边工具测算了一下那些"飞机"的大小和速度。结果他被吓了一大跳，因为这些飞行物体的编队长达 8 000 米，每一架飞行物体的长度约 15 米，更令他吃惊的是，它们的速度竟然达到 2 700 千米/时。

正在他发呆惊叹之时，飞行编队的最后一架飞机已经远去了。

得到空军勋章的阿诺鲁特

阿诺鲁特驾驶的飞机在雅其马机场着陆后，他马上就跟朋友说他看到了不可思议的飞行物体。到了次日晚上，阿诺鲁特的奇妙经历已经传遍了美国各地，空军总部颁发给他一枚勋章。

阿诺鲁特回忆说："我看到的物体总数有9架，它们像在水上滑行一样地飞行。形状就像两个咖啡杯盘合起来一样。"

自从阿诺鲁特用"空中飞的碟子"来称呼这些不明飞行物后，"飞碟"一词便成了UFO的代名词。

有故障的飞碟丢下的黑色物质

在阿诺鲁特的UFO目击事件热潮刚过不久，1947年7月末，阿诺鲁特接到一名男子寄来的信。信中表示他也曾看到过飞碟，对于这次事件的真相也许可以提供一些情报。

1947年6月21日，那名男子在太平洋沿岸一带的海域游弋。船上除了他之外还有他的儿子以及他所养的宠物狗。当时云层很低，像要下雨的样子。忽然在云层中出现了6个怪物向他的船飞过来。起先他以为是气球，但这些"气球"飞行的速度实在太快了，瞬间便飞到了船附近的上空。他定睛一看，只见6架飞行物体中的一架好像出了故障似的，飞得很不平稳，几乎快要坠入海中，其他5架

就在它的周围来回地飞。这群飞行物体是银色的，从外观上来看只有窗子，似乎并没有喷气引擎，飞行时完全无声，就像是在空气中滑行一般。

在故障机体周围飞来飞去的飞碟中，有一架忽

然靠近那架故障机体，双方几乎就要碰在一起时，故障机发生了爆炸。同时，由故障机体的中心部位丢出了一些闪着光芒的白色金属片，接着又丢出一些像熔岩般的黑色物质。这些物体一落到海里，就发出了"咻咻"的声音，使周围的海水沸腾了。

那名男子感觉到自己的处境很危险，便将船朝岸边驶去。不久，其余 5 架飞行物体便提升高度，飞到云层中去了。于是，那名男子又回到海上捡了些黑色的碎片带回家中。

莫里岛事件的证据和证人消失了

可事情并未就此结束，隔天便有一个皮肤黝黑的男子去找那名目击男子，并对他说："你那天在海边看到的事绝对不要跟别人说，这是为了你好。"然后就消失不见了。那名男子真被搞糊涂了，究竟他看到的是什么东西呢？那个神秘男人又是谁呢？就在此时他听到了阿诺鲁特的事，所以便寄出了那封信。

另一方面，阿诺鲁特接到信后，就马上动身前往莫里岛。在莫里岛，阿诺鲁特看到了那个男子在信中所提及的金属碎片。

阿诺鲁特发觉事态严重，便和他的空军朋友史密斯上校正式展开调查。但是结果却令人大失所望，飞行物体中心部分所放出来的东西有一种是管子的内衬，另外一种则是大型军用机常用的铝。不明所以的阿诺鲁特带着空军的情报员去见那名男子。但那名男子一看到那个情报员忽然改变了态度，故意装得傻傻的，矢口否认曾经见过不明飞行物。

是什么改变了那名男子的态度，是否真的有飞碟，也许在不久的将来，科学会告诉人们真相。

人类与 UFO 的空中较量

事件发生在 1948 年 10 月的一天 21 时，北达科塔州伐可基地的上空已夜幕降临。当天与同事结束 P－51 战斗机训练飞行的可曼少尉正要返回基地的时候，忽然看到飞机下面有奇怪的光芒。于是他朝着光芒飞去……

纠缠不清的空战

刚开始时，可曼的好奇心并不大，他以为那只是气球，但在 300 米高度的地方，仍然可以看到先前看到的亮光。控制塔副控制官接受可曼少尉再确认的请求后，抬头看着天空，只见在小型飞机的上方有清晰的白色光亮，那个发光体正以极快的速度向西北移动。

两三分钟之后，可曼少尉就追了上去。当时高度约 300 米，发光体以时速 4 000 千米有规律地移动着。可是，每当可曼少尉一接近它，光体就向左旋转，可曼少尉紧追不舍，但光体又快速转向且向上爬升，可曼少尉也追了上去。此时高度在 1 500 米～2 100 米。光体的速度越来越快，可曼少尉眼看已经追不上了，便先发制人发动攻击。当光体

左转时，他便以最快的速度从右边展开攻击，本以为这次大概免不了要发生冲突了，但光体却从他的飞机上方约150米的地方飞过去。在交火的那一瞬间，他看到光体直径约20米，有白色光芒。

上升之后，可曼少尉再次看到那个光体。但这一次光体却向着可曼少尉直逼过来，此时光体已不再闪烁，而是呈现出雪白的光芒。在发动攻势之前，光体再度急速上升，可曼少尉连忙追了上去。

可曼少尉让飞机上升到了4 300米的高度，可光体却在大约6 000米处轻松自在地飘浮着，似乎在戏弄可曼的P–51。只要可曼少尉一展开攻击，光体便向后退，然后迅速地反击。可曼少尉闪过之后，左转回身反击。双方对峙着，可曼丝毫不占上风。

当可曼的飞机急速下降时，光体立即上升。光体在上升途中更改方向继续上升，不久就消失了踪影。21时27分，20分钟如噩梦般的空中战斗终于结束了。

可曼看到的 UFO

UFO 事件让美国航空宇宙技术情报中心在24小时内开始展开了调查，但是一点线索都没有。当时，附近没有其他飞机存在，仅仅在东北部有观测极光的活动。经检验可曼的P–51飞机比同型飞机的放射能高出了许多，但被认为是长时间在高空飞行的结果。可曼的证言也含糊不清。

在正式记录上，情报中心将可曼描述的"迷你 UFO"说成是气球，但是对与 UFO 在空中激烈交战的过程仍无法确切地说明。此事最后不了了之。

成都周边出现"神秘 UFO"

时间是 2002 年 4 月 29 日 19 时 20 分，天空中忽然出现了一大一小两团雾状的亮点，忽明忽暗，速度极快地盘旋着，两团亮点忽而合一，忽而分离，极其诡异，大约持续了 20 分钟才渐渐消失。四川省成都市的许多市民亲眼目睹了天空中的"不明飞行物"。

住在成都市二环路西三段府南新区的卓先生说，晚上 19 时左右，他看见空中飞来一鸡蛋大的白色亮点，呈星星状。与此同时，在四川省邛崃市羊安河地区的东北方向天空也突然出现了一个带白光的椭圆形物体，它呈螺旋状不停地盘旋，大约 20 分钟后突然消失。据说这是自 2001 年 9 月以来该地区第二次出现的"不明飞行物"。

邛崃市羊安镇汤营村防雹点位于羊安河岸边一片开阔的地带，首先发现这一情况的是当地防雹部门工作人员。4 月 29 日晚，正在防雹部门值班的工作人员刘班长走到屋外纳凉，恰在此时，天空中

突然出现一个发着亮光的怪东西，它缓慢而无规律地呈螺旋状在空中盘旋，不时停顿片刻又继续"飞行"。刘班长猛然想起去年 9 月的一天晚上，在同样方位也看见过这样一个发光飞行物掠过。他赶忙把值班的十多名同事全部叫出屋，并立即汇报给市防雹指挥部，请求用高空雷达对该地区天空进行监视。防雹指挥部

闻讯后立即启动雷达追踪，不料屏幕突然出现干扰，致使追踪被迫中断。工作人员只好用肉眼跟踪那个飞行物，直到二十多分钟后它才神秘地消失。

当地村民对此事也是众说纷纭。有的人说，他确实在去年9月的一个晚上见到过天空中一白一红两个亮闪闪的东西飘过，飞得怪里怪气，东拐西拐。而有的人却对此不以为然，认为是探照灯在天上投的影子。但此地方圆几里内没有大型工厂或歌舞剧场，而且目击者都说只见到天空中有不规则运行的飞行体，而未见到有光柱，所以不可能是有人把探照灯打到天上。

研究人员认为是在特殊天气状况下城区内的照明灯光反射到天空中而形成的视觉错觉，但是这还有待进一步考证，还需要目击者提供更详细的书面报告以供专家破解这个谜团。

无独有偶的是，就在这一年的4月7日，远在德国的巴伐利亚的天空中也出现了奇异的光，像一团巨大的烟火，持续时间大约三秒钟，当地居民能够透过半掩的百叶窗看到它。这令巴伐利亚人感到困惑与恐慌，数百人打电话给警方询问对此现象的解释，电话线变得异常繁忙。飞向慕尼黑机场的飞行员的报告也验证了此事并非虚传。德国南部和邻近的巴登－沃坦伯格各地区都报导了这一令人不安的夜间自然光景象。但是德国军队的雷达没有探测到任何异常的移动信号。德国向美国航空暨太空总署咨询，美国科学家起先认为光是由飘浮在地球大气层中的宇宙空间垃圾残骸引起的，又提出可能是流星穿过地球大气层的结果，但后来竟无人能够证实这一现象的确切原因，因此这一事件成为UFO档案中的一员。

举世瞩目的飞碟坠毁案

时间是 1947 年 7 月，美国空军在小城罗斯韦尔发现了一个破损的不明飞行器。1995 年春天，当一位英国制片人宣布拥有一部记录解剖一个外星人尸体过程的影片时，这个早已被人们忘记的事件又一次成为人们关注的焦点。

发现残骸

1947 年 7 月 6 日，农民威廉·W·布雷泽尔来到了罗斯韦尔小城，他来给乔治·威尔科克斯郡长看他在位于本市以北 130 千米处自己农庄的田地里发现的几块奇怪的残骸。郡长面对碎片也不知如何处理，就把它们交给了驻扎在距离罗斯韦尔不远的美国空军基地。基地司令布兰查德上校看了残骸样品后，命令负责安全的军官杰西·马塞尔少校赴布雷泽尔所指的地点考察，马塞尔要求负责反间谍工作的谢里登·卡维特与其一道前往。次日，布雷泽尔带领杰西·马塞尔少校和谢里登·卡维特上尉到达残骸现场。这两位军官用一整天时间收集碎片，收集的残骸装满两辆汽车，但是现场仍然留有许多残骸。

在空军基地，布兰查德上校做出三项决定：一、封锁现场——军警在紧接着的几个小时内完成了封锁任务；二、发表一项新闻公报宣布发现一个"飞碟"；三、派遣马塞尔少校将残骸碎片送给美军第八军司令部空军军区司令雷米将军。

公布于众

当天公报被送交给罗斯韦尔地方新闻机构。很快，基地便接到一连串的询问电话。此时，布兰查德上校要离开基地去度假三周，像从未发生过任何事情一样，甚至在雷米将军看到残骸碎片之前他就离开了基地。

当天晚上，雷米将军将马塞尔送来的残片摆在办公室，接着召见新闻界对罗斯韦尔上午发布的新闻公报辟谣。称专家对残片进行了鉴定，判断那些残骸其实是一些无线电高空测量用的气象气球的碎片，它们还散发着强烈的氯丁橡胶的气味，并且上面带有先进的通信装置。这一辟谣，对罗斯韦尔的军官们造成了极大的伤害和侮辱。

澄清事实

时光飞逝，1978 年 2 月 20 日，退休赋闲在家的马塞尔少校向不明飞行物爱好者斯坦顿·弗里德曼作了一些披露。他坚信军队隐藏

了在罗斯韦尔回收的真实残骸。他本人1947年在布雷泽尔的农庄捡到的残片绝对非常奇特，绝不是那些碎橡胶片。

其他目击者也出来支持少校，其中有雷米将军的助手托马斯·杜博斯将军，他当时是上校，他确认是服从五角大楼的命令用假碎片替换了那些真正的残骸碎片。

此外，不明飞行物研究中心（CUFOS）的调查人员收集到的新的证明材料使事情变得更加扑朔迷离了：据说在发现残骸现场之前，在距离第一个现场不远处还存在一个第二现场，有人在那里回收了一个内部留有类人生物尸体的遇难飞行物。

军队的反应

面对舆论的质疑，美国军方仍持沉默的态度。新墨西哥州的共和党议员史蒂文·希夫向国防部索要有关罗斯韦尔事件的材料。军方最终的答复是从未收到过任何有关材料。他被这

种不实事求是的态度激怒了，在10月份的国会上他强烈要求展开公开的官方调查。1994年2月，军队受到的压力越来越大，他们不得不又回到1947年的立场，重新回到原来的解释上来。在1994年9月发表的一份22页的报告中，称此事不再是"一个气象气球"问题了，而将其说成一系列用于试验对苏

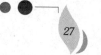

联原子弹爆炸声音进行探测的最新式的秘密气球。

电影胶片风波

1995 年初，伦敦默林集团经理、英国制片人雷·桑蒂利自称他从美国空军的一位摄制人员处购买到一部反映解剖 1947 年在罗斯韦尔回收到的一个外星类人生物尸体的电影胶片。从 6 月份起，全世界都放映了这部电影。这部电影的放映立即引起了轩然大波。

综合分析

有人总结了罗斯韦尔事件发展的脉络，并对其进行了系统的分析。

布雷泽尔发现残骸。这是事件源头，布兰查德上校的新闻公报宣布发现了一个"飞碟"，接着当天晚上雷米将军又对此辟谣。这是档案材料中最可靠的部分。

是否在另外一个现场发现了一个不明飞行物以及外星类人生物尸体，至今事实仍模糊不清，各种说法不一。但是无论如何，获得的证词比较一致地认为发现的日期同发现第一现场有几天之差，这个时间大约在 1947 年 7 月初，是在布雷泽尔 7 月 6 日发现残骸现场之前不久。证词对尸体的描述同样比较一致，都描述为身材矮小，脑袋很大。这是事件的关键部分，其中的疑点较多。

那部电影胶片以及所谓的外星人尸体，雷·桑蒂利未就其资料的真实性提供任何证据。

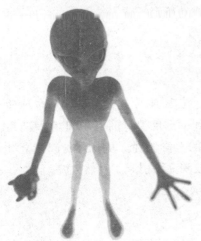

外星人的科技能将飞船缩小到放在手中的程度吗？

几乎所有调查员都揭发该影片为伪造品。有人甚至认为那纯粹是欺诈，还有人倾向于认为这是一些为了误导专家而暗中破坏正在进行的有关罗斯韦尔事件的调查，使用高超的技巧策划出来的骗局。电影胶片似乎越来越不可信了。

尾声

1994 年 9 月，在国会议员史蒂文·希夫的强烈要求下，政府的总审计局发布了《空军就罗斯韦尔事件的研究报告》，以及一些 50 年来一直在五角大楼被列为机密的文件。

根据国会审计局的报告，罗斯韦尔基地行政当局自 1945 年 3 月至 1949 年 12 月的档案均已销毁，军方无法解释是谁以及为何要销毁这些档案，仅剩下的两份相关文件是目前仅存的官方档案。最重要的文件被销毁，为案件的侦破制造了难以逾越的障碍。

而五角大楼声称，军方之所以将该报告列为机密文件，并且断然销毁，只是因为报告中提到了第 509 轰炸联队，这是当时美国唯一的核打击力量，必须绝对保密。向广岛投下原子弹的"EnolaGay"号飞机就是以罗斯韦尔为基地的。

如此，罗斯韦尔事件便不了了之了，要弄清此事件的真相似乎已经不可能了。

外星人暴行记录

WAIXINGREN BAOXING JILU

神秘的劫持事件

有记录的神秘劫持案的第一位被劫持者是一位名叫安东尼奥·韦拉斯·波阿斯的巴西青年农民。

奇特的经历

据韦拉斯·波阿斯回忆，1957 年的一天傍晚，他在田间劳动时，看见一个发光的、前部带有三个异形尖角的不明飞行物在他的田间着陆。好几个戴风帽的生物从里边出来劫持了他，并将他带入飞行器内。这些生物扒去他的衣服，用一种神秘的物质——可能是一种杀菌剂——涂抹他的全身，然后将他带入一个散发着奇怪气味的房间……

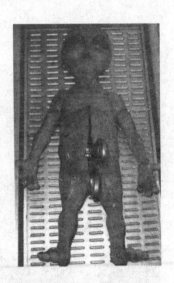

事后风波

在多年之后，英国的一家杂志《飞碟评论》才报道了这件事，而且，这一事件受到了前所未有的重视。经证实，韦拉斯·波阿斯在事后生了一场大病，卧床不起达几个月之久，并且表现出典型的被放射线照射过的症状。

两位少年的遭遇

那是在 1968 年 8 月 7 日，太阳刚刚落山，16 岁的男孩迈克尔·拉普和 17 岁的女孩珍尼特·科迈勒（均为化名）坐在佛蒙特州尚普兰湖边的一个浮桥桥头谈心。他们的背后有一个 5 米高、长满一排密集树木的斜坡。

偶遇 UFO

二人正谈得高兴时，突然，迈克尔和珍尼特发现远处出现一条闪耀的光带，后面拖着一条长长的"尾巴"。后来，那亮光在天空停止不动了。迈克尔和珍尼特清楚地看见了那个大雪茄般的物体。迈克尔看见在那个不明飞行物的右侧底部亮起 3 道白光，接着，那个物体重新出发朝来的方向飞回，几秒钟后便消失了。而另外 3 个小飞行物飞行着相互靠近，不久，便渐渐显示出它们的形状为碟状，背部都带有一个穹形物。5 分钟之后，它们排成水平三角形图案，然后其中两个，一个向南，一个朝北飞走了。第三个飞碟向两位少年的方向飞来，直飞至距离他们约 1.5 千米处，体积如同一座小房子似的不明飞行物才悬停不动地待了约一分钟。它的周围有各种各样的彩光在闪烁。突然，它急速降落下来，一下子坠入了两位少年面前的湖中，引得湖周边的狗

都狂吠不止。最后，不明飞行物浮出了水面，移动到两位年轻的目击者面前不远处。

外星人现身

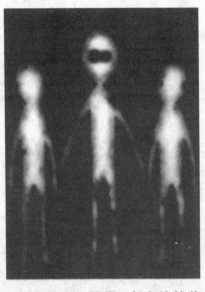

此时，两位少年通过透明的穹形物看见两张长着椭圆眼、小嘴巴的脸。他们只能看见它们腰部以上的部分。那些太空造访者都是小矮个，穿着银灰色紧身套装。迈克尔转身看看珍尼特，珍尼特已经被惊呆了，没有说话。他便转身问那些生灵是谁。他们回答："我们来此不是为了加害于你们。"那个声音对他解释说，第一次原子弹爆炸之后，他的同伴们便决定返回地球，但是，他们同被称为"坏分子"的同种族的其他成员间产生了冲突。迈克尔觉得事情无比荒谬，便突然拍着膝盖放声大笑起来。他看见他们中的一个也笑了起来，而另一个似乎在模仿珍尼特，也在愣愣地发呆！然后，那个不明飞行物向前靠近，直至距离他俩3米高的上空才停下来。一个发光的触角下降到了他们的头顶上，迈克尔感觉他好像离开了自己的身体，然后就什么也不知道了。

当迈克尔醒来时，仍然在浮桥桥头，珍尼特也还在他的身边。

回忆被劫持的经过

事件发生之后，受到极大刺激的迈克尔开始对神秘生灵着了迷。

1978年，即事发10年之后，迈克尔同著名不明飞行物调查员沃尔特·韦布取得了联系。经过调查，韦布确信迈克尔所经历的事件确实存在。两位著名的医生哈罗德·埃德
尔斯坦博士和克莱尔·海沃德分别对迈克
尔进行了 5 次催眠调查，对珍尼特进行了
3 次催眠调查。通过调查，迈克尔回想起
他曾经同那些生灵们在不明飞行物内的再
次相会。迈克尔在太空船的甲板上，透过透明的穹形物，看见一个
形状像大雪茄似的飞船，以及地球、月亮和满天的星斗。他还能看
到不明飞行物的下层发生的事：珍尼特躺在一张桌子似的体检台上，
在她身边有两个外星人。在一个装有一些屏幕三角形牌子下面的一
个托座上还有第三个外星人在那里站岗。屏幕好像正在记录检查的
各种数据。那些外星人身高 165 厘米，长长的脑袋，椭圆形大眼，
瞳孔又黑又大，身体单薄，每只手上有三个灰色手指。迈克尔说他
在相当近的距离观看了外星人对珍尼特的整个检查过程。一部形状
像"倒装心脏"的仪器从天花板落下，用一些软管从她的身体中抽
了一些液体之后，又退升回天花板去。之后迈克尔再次失去了知觉。
当他苏醒过来时，看见那个不明飞行物已经进入了母船之内，他的
向导让他"飘浮"进入一个"光管"，他此时发现他们都在一个很
宽敞的棚子里，他们像被一道光束牵扯着似的通过那个宽敞的棚子，
轻而易举地穿过一堵墙，最后进入一个穹顶大厅，在那里集中了一
大群外星人。

外星人的"实验"

外星人将迈克尔安顿在一把椅子上，在他的头上戴上一顶头盔。
那些生灵都目不转睛地盯着一个屏幕，可迈克尔却没看到屏幕上有
任何东西。接着他的向导将他带入另一个房间。外星人碰了一下迈
克尔的手，他们立即进入另一个奇怪的天地：天空一片紫红，到处
都长满树木和草坪，一些外星生灵像魔鬼附身一样在那里闲逛。接
着，他再次失去知觉，苏醒过来时，他和珍尼特仍然坐在浮桥的
桥头。

如此奇怪的经历到底预示着什么？答案也许只有到未来去寻
找了。

神秘的死亡

英国人西格蒙·亚当斯基住在英国利菲市郊。1980年6月11日，他去当地商店买了一袋土豆，然后就再无踪影。5天后，他的尸体在离他家30千米外的土德莫顿的一座煤场的煤堆上被发现。

奇怪的尸体

发现这具尸体的人叫特雷弗·帕克，他说："我一直在这里拖煤，白天我还装了几趟煤，但当时煤堆上并没有尸体。这尸体太可怕了，我不知道他是怎么来的，它躺在一个很显眼的地方。我不敢碰，也不知道他是死是活，所以只得叫警察来处理，同时还叫了救护车。"

西格蒙·亚当斯基的尸体的某部分被腐蚀性物质烧灼，可连法医专家也不知道这神秘物质究竟是什么。病理学家阿兰·艾德华菲博士在检查后断定他死于心脏病，那种神秘的腐蚀物只烧伤了他的头皮、脖子和脑后的皮肤而已。可如果仅仅是因为心脏病发作，那

么他的尸体为何又出现在30千米以外的煤堆上呢？那被小心翼翼使用的腐蚀物又说明什么呢？

亚当斯基的太太告诉警察，她丈夫从没到过土德莫顿，一生中从未与那个小镇有过联系，并且一生小心谨慎，从未树敌。奇怪的是，从他出门后到发现他尸体的5天时间里，竟没有人再见

过他。

　　警察经过一段时间的详细调查，还是一筹莫展。5个月后，事情出现意外的转机，这种转机向更神秘的方向发展，使得整个事件蒙上了一层恐怖的色彩。

"丢失"的15分钟

　　事情是这样的：5个月后，当时赶到现场的一位警察声称他看到了不明飞行物，时间是11月28日清晨。这位名叫阿兰·古德弗雷的警察那天早晨驱车到土德莫顿镇，他看到在离地面1.5米高的空中有一个物体浮在那里，这物体顶部是拱形圆

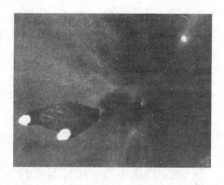

盖，有很亮的蓝色的灯，其底部频频闪光。当时他想向警察局呼叫，但当时通信系统完全失灵，于是他用笔将这物体画了下来。他的这一目击报告很快引起轰动。UFO的专家对他进行了详细的询问，询问中发现他有长达15分钟的记忆空白，于是专家建议他接受催眠疗法。在催眠中，古德弗雷讲述了那15分钟里的事情经过：当时，有一束光照得他几乎睁不开眼，他看见一个约两米高的人和他在一起，那人戴着帽子，长着胡子，穿着黑白色的套服……还有8个十分矮小的侏儒，只一米左右，他感觉这些小矮人是那个两米左右高的人的机器人。这些人对他的身体进行了检查。

另一则报道

　　更有报道称，在亚当斯基的尸体被发现前一小时，有另一位警察也曾在煤堆上空看到过不明飞行物。经过催眠，调查人员认为他没有撒谎。难道，亚当斯基的死亡真的与不明飞行体有关吗？此事件到目前为止，仍是未解之谜。

军士查尔斯的描述

那是在 1975 年 8 月 13 日，美国空军军士查尔斯·穆迪遭到外星人劫持。从他遭遇飞碟的那一刻到他回家的时候，除去路途时间，他有 80 分钟的记忆空白，而且后来他还患了奇怪的病。穆迪军士向上级汇报了此事，并接受了调查。

外星人的警告

查尔斯将他能够回忆起来的情形用书信的方式向神经外科医生亚伯拉罕·戈德曼进行了较为详细的陈述，他在信中说：

我记起了那天夜里发生的一些事情，当时我确确实实是和飞碟有过接触的。他们不仅是一个正在对地球进行研究的先进种族，而且他们当中的一些"人"从现在起，在 3 年之内，将会了解我们整个地球的人类。我可以说，那次接触不是一件愉快的事情，这将是对地球上人类的一次警告。他们的计划不仅仅是有限的接触和对未来的研究。他们在经过更进一步的考虑以后，将会采取下一步行动。他们已经做好了反击的准备，虽然他们的本意是爱好和平的。如果这个世界上的领导人重视他们的告诫，我们的处境也会比现在好一些……

对外星人的描述

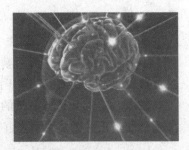

查尔斯描述了外星人的外貌和他的经历：那些家伙大约有 1.5 米高，样子很像地球人，但他们的头要比我

们的大些，没有头发，耳朵很小，眼睛比我们的大一点，小鼻子，嘴唇很薄，他们的体重可能在 50 千克~60 千克。

外星人熟知人类的语言，但说话时嘴唇不动，穿的衣服是紧身的，衣服上既没有纽扣也没有拉链。衣服的颜色是黑的，但是其中一个穿着一身看起来像是银白色的衣服。他们相互不称呼名字，但他们知道查尔斯的名字。他们好像能洞察人的内心，因为那个年长的外星人首领有时说出来的话就是查尔斯要问的问题。

后来，查尔斯被带到一间屋子里去，那个头头用一根看起来像棍棒一样的东西触碰他的后背和腿，后来查尔斯的意识便模糊了。

✎ UFO 内部

外星人是人类对地球以外智慧生物的统称，他们被人们形容得千奇百怪，他们的真实面目究竟如何？

飞行物的内部就像手术室那样干净，它的结构和材料很特殊。光源不知来自何处，光线是间接照射的，但是很亮。查尔斯随外星人走到一间没有安置仪器的小房间里，房内光线昏暗，外星人站在房中的一侧。突然，地板活动了起来，就像一架电梯一样下降。他们下降了大约两米，又来到了另一个房间。这个房间有 8 米长，屋子的中间有一根巨大的炭棒一直通到屋顶。在炭棒的周围，有 3 个看起来像上面盖有玻璃的洞，洞里放置着两头各带着一根炭棒的大结晶体。一根炭棒从一个像球体的仪器的顶部伸出来，另一根从另一头的顶端伸出。外星人告诉查尔斯说，这就是驾驶装置。

查尔斯停留在那里大约有半个小时，专门观看那个驾驶装置。然后，那块地板托着查尔斯和外星人升起来。又从原路回到了上面。

外星人首领告诉他说，这不是他们的主要飞行器，这个小飞行器只是为观测用的，他们的主飞行器在离地球大约 650 千米远的地方，主飞行器上的驾驶装置和这个上面的不同。

之后发生的事

外星人首领还告诉查尔斯说，在第一次接触时，查尔斯有很大的对立情绪，他们利用了一种声波和光波使查尔斯平静了下来。然后，那个头领把两只手放在他头部的两侧，告诉查尔斯说，他们就要离开了。头领让他至少要在两个星期内忘记这次谈话内容和所看见的一切。查尔斯不知道为什么要两个星期，但是他想，这可能是有理由的。查尔斯问外星人是否还会见面，外星人回答他说不久之后会再见面的……

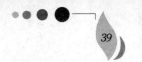

奇异的旅行

国一普通妇女贝蒂·安德雷亚松·卢卡遭到外星人劫持，开始了一段漫长的"旅行"。在外星人貌似普通劫持的表相下，又隐藏着怎样更深的目的呢？

自 1979 年以来，MUFON（不明飞行物互助会）调查主任雷蒙·福武雷莱写过四本有关贝蒂·安德雷亚松·卢卡奇特案例的著作。这个故事中充满着不可思议的异象，全都是在他催眠状态下回忆起来的。贝蒂·安德雷亚松·卢卡的"旅行"使人们立刻想到那不是普通的外星人劫持事

件，更像是吸收人们进入秘密组织的仪式。其中也带有涉及遗传方面研究的情节。从 20 世纪 80 年代起，巴德·霍普金斯以及戴维·雅各布斯都重点研究了这些现象。哈佛医学院教授、精神病科医生约翰·马克曾经研究过多个案例，它们近似宗教般对人的肉体和精神的操纵方式同安德雷亚松·卢卡案例存在着许多相似之处。这一组案例的另一个共同点是预见世界末日的来临，重提先知的预言，并且宣布不久的将来人类大部分将消失，而只有其中的一小部分会得到拯救。

雷蒙的著作

1979 年，雷蒙·福武雷发表的第一本书《安德雷亚松事件》公开了有关此类看起来计划性很强的入会仪式的初级阶段。调查人员

甚至在施用催眠术时遭遇多次障碍，无法继续进行他们的调查，后来障碍被排除，调查才得以继续。贝蒂·安德雷亚松·卢卡讲述了一个很长的劫持过程，包括：劫持、异象、传言、妇科手术以及在1944年她刚刚7岁时便开始接受植入物手术。

贝蒂的回忆

据贝蒂回忆，那件事发生在1967年1月的一个晚上。那时她30岁，已婚，是7个孩子的母亲。她同父母共同生活在马萨诸塞州的一个位于成片树林和田园之间的房子里。当时她正在厨房里，突然所有的灯全熄灭了。她从窗口发现一道跳跃的红光。那时她的丈夫正在医院。她的父亲在一份签字的证言中作证说他看见一些具有人体特征的、似乎正在玩跳背游戏的生灵在向他们的房子靠近！

"当他们发现我时，便停止了前进。最前面的那个外星人看了看我，我身上立即产生一种特别奇怪的感觉。我知道的只是这些。"贝蒂说。

其他目击者看见那些生灵径直穿过木门——好像门根本不存在一样，进到她家的屋里！那些造访者体态和相貌都很相似，唯有他们的"首长"比其他人高一点。他们皮肤灰暗，脑袋很大，大眼睛，耳朵和鼻子的位置都是一些空空的黑洞，嘴巴模糊，像一道疤痕。他们穿着发亮的灰黑色制服，左袖口上带着一个展翅飞翔的鸟形状的标记。这就是贝蒂和她的孩子们回忆起来的全部内容。事发之后，贝蒂叮嘱孩子们不得对外谈起这件事。

贝蒂是位非常虔诚的天主教徒，当时她对不明飞行物和外星人的事一无所知，她以为她见到天使了。直到8年之后，当她在一份报纸上读到天文学家伊内克宣布成立他的不明飞行物研究中心——CU-FOS，并号召目击者们提供证词时，她才公开

了她所经历的事。

外星人与小型飞船

在专家对贝蒂使用了第 14 次催眠术后，贝蒂回忆起第一次事件——即外星人将她劫持到一个不明飞行物上的事情。小型飞行器带着她返回到一个大型飞行器里。贝蒂便在那里接受了一次体检，她同时也仔细地观察了那里的古怪设施。据专家收集到的证词称：外星人们为她导演了一出寓意深刻的戏，包括穿过一座古怪的城市，并且看见一只大鸟首先被大火烧焦，接着又像传说中的凤凰一般从灰烬中复生。此时响起一曲柔和而悠扬的"天堂"圣诗齐诵曲，并且有人对她宣布她已经"被选为"给人类传递信息的使者！

研究过程中遇到的挑点

对不明飞行物的深入研究揭示出一些涉及科学、社会学、心理学以及神学领域等许多方面的内容。安德雷亚松案例包括所有这些方面，其中既无荒谬之处，也未找到任何欺骗或虚构的证据。越来越多的此类非常奇特的案例被公之于众，如同安德雷亚松案例一样，这些事件与人们通常的认识观念背道而驰，并且构成了对现有信仰体系的一种挑战。

惊人的报道

JINGREN DE BAODAO

登月飞船遭遇 UFO

在肯尼迪总统的领导下，美国于 1961 年制订了阿波罗登月计划。1969 年 5 月 22 日"阿波罗 10 号"进入月球轨道飞行，当登月舱向月球表面下降，离月面不到 150 千米时，突然发现一个白色的不明飞行物垂直升起……

月球上的 UFO

1969 年 7 月 16 日，美国宇航员阿姆斯特朗、柯林斯和奥尔德林乘坐的"阿波罗 11 号"宇宙飞船在肯尼迪角吐着浓烟和火焰升入太空，开始了征服月球的旅程。经过 4 天的飞行，"阿波罗 11 号"进入月球轨道。1969 年 7 月 20 日 22 时 56 分，阿姆斯特朗在月球上留下了人类的第一个脚印。他们还在月面上安放了 3 种科学实验仪器，采集了 27 千克月球的岩石和土壤，登月计划顺利完成。

就在"阿波罗 11 号"进行史无前例的登月计划的前一天，奥尔德林（他是紧跟阿姆斯特朗踏上月球表面的第二个地球人）拍摄到

了一系列不明飞行物的彩色照片。从照片上可以看到排列在一起像"雪人"状的 UFO 出现在月球表面的左侧。两秒钟后，排列成"雪人"状的 UFO 垂直地向右运动。最奇特的是，UFO 似乎在排气，出现像尾迹一样的喷射现象，且尾迹越来越长。

经专家们反复分析，认为尾迹与光束显然不同，它是以真空环境为背景的、非常像液体的一种喷射。这是一种较为特殊的现象，人类也是第一次发现这种尾迹。直到今天，也没有人能清楚地解释月球上为什么会出现这种不明飞行物。对这组照片进

行精密的分析研究后，人们发现这种喷射是瞬间停止的，且在空中留下了一条长长的、流动的尾迹。这更说明喷射似乎是一种液体喷射，但也可能是一种什么信号。从照片的感光情况来看，UFO 的排列状况一直是在慢慢地不停地变化着的。

"水管"之谜

美国人对"阿波罗 11 号"在月球上拍摄的这一系列照片最初只进行了秘密审查，并没有向全世界公开。专家们经过细致的分析研究后惊奇地发现：这些照片上的 UFO 出现的喷射现象和"双子星座 7 号"宇宙飞船上的宇航员所看到的不明飞行物现象十分相似，而且这些照片上的"雪人"状 UFO 又与"双子星座 11 号"宇宙飞船所拍摄到的 UFO 照片几乎完全一样。

1965 年 12 月 4 日，"双子星座 7 号"宇宙飞船在进行第二次环绕地球的飞行中，宇航员洛弗尔发现了一个不明飞行物体。他说："在距离飞船大约 1 000 米远的地方，我们突然看见了好像是助推器点火燃烧时出现的一片明亮的雾状东西，似乎有一根'水管'从这个不明飞行物体中伸了出来。"洛弗尔关于"水管"的描述，使人联想到月球上 UFO 喷射的可能是液

体。何况"阿波罗11号"拍摄的照片清楚地表明，在 UFO 停止喷射后，喷射出来的物质在月球的真空环境中像一根长杆一样持续地飘浮了很长一段时间。

又一次发现

1966 年 9 月 13 日，当"双子星座 11 号"在环绕地球飞行的第十八圈经过印度洋上空时，宇航员曾发现过一个金属状的不明飞行物体。因为太阳光线的照射，不明飞行物发出的反射光呈橙黄色，因此看上去不是很清晰。它向"双子星座 11 号"飞船迅速逼近，很快超越了飞船，从"双子星座 11 号"前面穿过，并开始下降、缩小。宇航员为该物体拍到了两张照片，其中的一张同"阿波罗 11 号"拍到的不明飞行物体有着很大的相似性，似乎都由两个大小不等的物体排列成"雪人"状。虽然尚不清楚该物体是什么，但不明飞行物的存在不再令人怀疑。

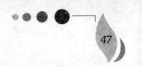

宇宙婴儿

那是在 1983 年 7 月 14 日傍晚 20 时，中亚吉尔吉斯共和国咸海东侧索斯诺夫卡村的天空出现了一次奇异的天象，村民们大都目睹了这一难以解释的现象。

 ## 奇异的爆炸

索斯诺夫卡村比较偏僻，周围群山环绕。7 月 14 日晚约 20 时，一个火红的发光体突然出现在天空中，照亮了群山和村庄。

几秒钟之后，空中传来几声巨响，爆炸声震撼着山谷，村民们惊恐万状。索斯诺夫卡村上空一片紫红，光亮异常耀眼。过了片刻，又是一阵爆炸声后，天空渐渐变暗 了，群山和村庄恢复了平静。这次爆炸使村民们极为震惊，他们还以为是原子弹爆炸了。

神秘的男婴

吉尔吉斯军队立即将索斯诺夫卡村和周围山地封锁起来，军事调查员和官方记者在现场忙个不停。事件发生 24 小时后有消息说，出事的飞行物很像几个月前飞越吉尔吉斯上空的那艘宇宙飞船。来自外太空的飞船的说法渐渐被人们所接受。7 月 15 日晚 20 时，即第

一声爆炸出现的 24 小时后，一支部队开进了距离斯诺夫卡村东南 4 千米的一个山谷，他们得到报告，一个牧羊人看到天上掉下一个东西。

两架直升机立即飞往出事地点。柴姆拉耶夫中尉奉命留在索斯诺夫卡，边疆军区的德佐尔达什·埃马托夫上校乘车赶到现场进行了细致的实地调查。他做的第一件事是命令士兵将那个地方封锁起来。事后传出的消息说，军人们在那里看到一个椭圆形的金属物体，它的长、高、宽均在 5 米左右。金属物体下部有短而粗的"脚"，还有一个反推力制动装置，物体上部有一扇紧闭着的门。军事专家们用仪器探测了这个物体，结果表明球体内部没有安放炸弹。7 月 16 日凌晨 3 时，在数架直升机的探照灯光照射下，埃马托夫上校下令打开球体的门。

专家们听到命令后打开了球体的门，看见里面有一个男婴。乍一看，这个男婴很像地球人，他呼吸缓慢，像是正在熟睡。埃马托夫上校立即通过无线电话同伏龙芝市当局联系，向他们汇报情况并请求指示。10 分钟后他得到了答复——伏龙芝医学研究所的一组医生乘专机正在飞往出事地点，负责检查神秘男婴，在此之前，任何人都不得接触那个孩子。后来，人们在金属球体内输入了氧气，并用直升机将球体运到了伏龙芝研究中心。

婴儿身世之谜

埃马托夫上校后来向新闻记者说："种种迹象表明，那是一个外星人婴儿，那架出事的宇宙飞船在危急时刻将其紧急释放到外太空。那个球体十分平稳地着陆，可见外星人的技术有多么先进。我们完全有把握说，这个球体是一个宇航急救系统。因为孩子并没有受伤。"

埃马托夫上校跟他的一位从事宇宙研究工作的朋友秘密讨论了这件事。他的这位朋友证实说，那个球体确实是个救生舱，也许在出事地点周围地区还有这类东西。

男婴体征和面貌

据有关人士推测，外星人可能在地球空间飞行时发生事故，于是在高空将婴儿放入救生舱，向地面释放下来。婴儿落地3个月后，虽然经医学专家们多方护理和抢救，终因严重感染，于1983年10月3日死去。

据照料婴儿的一位医生透露，那婴儿很像我们地球人的婴儿，不过他的手指和脚趾间有

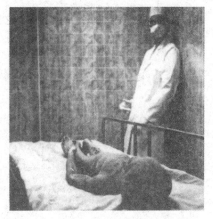

蹼。另外，他的眼睛是奇怪的紫色。X光透视的结果表明，他的肌体结构跟地球人一样，但是他的心脏比地球人大得多。心脏和其他内脏的位置与地球人完全一样，只是他的脉搏每分钟只有60次，较地球人来说慢了一些。他的血压正常，但大脑活动比地球上的成年人还活跃。开始的时候这孩子的健康状况良好，但最终因为不能适应地球大气条件而死亡。

太阳系的神秘来客

宇宙中的神秘天体不时地出现在人们的视野中，它们既不是地球所发射的卫星，也不是既有的天体。那么，它们究竟是什么？又从何处来呢？

1983年1月—11月，美国发射的一颗红外天文卫星在北部天空扫描时，两次在猎户座方向发现一个神秘天体。观测这个天体的时间相隔了6个月，这表明它在空中有稳定的运行轨道。美国天文学家宣布，它也许就在太阳系内，可能是从另一个星系飞来的某种人造卫星，也可能是从宇宙深处飞来的UFO基地。

外星"基地"出现

1988年12月，苏联科学家通过地面卫星站发现有一颗神秘的巨大卫星出现在地球轨道上，他们当时以为这些是美国"星球大战"计划中发射的卫星。稍后才知道，美国的科学家也在同一时间发现了那颗神秘的卫星，而美国人则以为它是苏联发射的。

美苏两国高层官员通过外交途径的接触和讨论，才明白那颗卫星是来自第三国。以后的一系列调查结果表明，法国、德国、日本或地球上任何有能力发射卫星的国家都没有发射过它。

"基地"本色

根据苏联的卫星和地面站的跟踪显示，这颗卫星体积异常巨大，具有钻石一样的外表，外围有强磁场保护；内部装有十分先进的探测仪器，它似乎有能力扫描和分析地球上的每一样东西，包括所有生物在内；它同时还有强大的发报设备，可以将搜集到的资料传送到遥远的太空中去。

运行在地球轨道上的不仅有完好的外来人造卫星，而且还有爆炸后的外星太空船残骸。苏联科学家在 20 世纪 60 年代初期，首次发现一个离地球 2 000 千米的特殊太空残骸。经过多年研究，他们才确信那是一艘由于内部爆炸而变成 10 块碎片的外星太空船的残骸。科学家向媒体宣布了这一消息，一下子就引起了全世界的关注。

追踪观察

据莫斯科大学的天体物理学家玻希克教授介绍，他们使用精密的电脑追踪这 10 块破损的残骸的轨道，发现它们原先是一个整体。据估计它们最早是在同一天——1955 年 12 月 18 日从同一个地点分离，显然这是由一次强力爆炸而导致的。他说："我们确信这些物体不是从地球上发射的，因为苏联在大约两年之后才将第一颗人造卫星送入太空。"

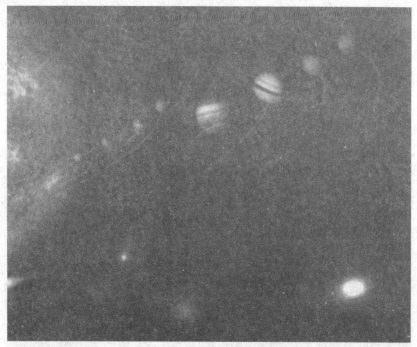

　　著名的天体物理研究者克萨耶夫说："其中两个最大的残骸直径约为 30 米，人们可以假定这艘太空船至少长 60 米、宽 30 米。从残骸上看，它外面有一些小型的穹顶，装有望远镜、碟形天线以供观测及通信用。此外，它还有舷窗供观察使用。"克萨耶夫补充说，"太空船的体积显示它有好几层，可能是 5 层。"

太空船残骸

　　另一位苏联物理学家埃兹赫查强调说："我们多年收集到的所有证据表明，那是一艘机件出了故障的太空船发生了爆炸。"他还说："在太空船上极可能还有外星乘员的遗骸。"苏联科学家的发现使美国同行产生了浓厚的兴趣。美国核物理学与宇航学专家斯丹顿说："如果我们到太空去收回这些残骸，相信我们可以把它拼合起来。"

　　十分有趣的是，早在苏联人宣布他们发现地外太空飞船残骸的 10 年前，美国天文学家巴哥贝就在国内一份著名的科学杂志上发表了一篇文章，其中提到过有 10 块不明残片围绕地球运行。这位天文

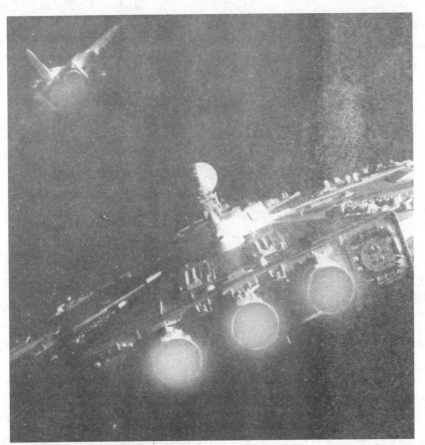

学家认为，它们来自一个分裂的庞大母体，而这个不明物体分裂的时间为 1955 年 12 月 18 日，这正好与苏联科学家的研究结果不谋而合。而且，巴哥贝同时驳斥了爆炸后的残骸只是一种自然现象的可能性。

本维特斯事件

"**本**维特斯事件"是指 1980 年 12 月末，在英国租借给美国空军的本维特斯基地总部附近的伦都斯翰森林中 44 平方千米的木材商业采伐区里发生的事件。

飞碟现身

一名身为基地总部"安全军官"的美国空军人员说，1980 年 12 月末，住在伦都斯翰森林附近的一名叫巴特勒的农民向基地报告，有一架飞机降落到森林里，随后一批空军人员被派去进行调查。

调查人员发现那不是一架飞机，而是一个飞碟。他们返回基地报告之后，基地司令和其他高层人员来到现场，发现除了飞碟之外，还有一个 1 米高的三维物体，呈银白色，并发着光。这个飞碟的外表有明显的损坏，三维物体是来对它进行修理的。4 个小时之后，这个飞行物从地面升起，轻松地翱翔着，然后以极快的速度飞走了。

米沙拉提供的信息

关于本维特斯事件的最初报道出现在美国 *OMNI* 杂志 1983 年 3 月刊 "UFO 最新资料"栏目中。这篇文章是埃里克·米沙拉撰写

的。米沙拉不只是向美国读者介绍了这一事件，他还设法访问了1980年12月末曾担任本维特斯基地司令的泰德·康拉德上校。康拉德否认他看见过什么外星人，然而他的否认同他的确认一样有意义。米沙拉在他的文章中这样写道：泰德·康拉德上校这位声称必须要同外星人谈话的基地司令官，曾有过一段戏剧性的经历——在那个至关重要的夜晚，22时30分，4名警察在他们认为是一架小飞机降落的地方

打开了聚光灯，其中两人在步行追踪目标物的过程中碰到一架安装着三脚架的大飞行器。飞行器没有窗户，但是却发出耀眼的红光和蓝光。康拉德说，每当人们进入距飞船50米之内时，它会在空中飘动着

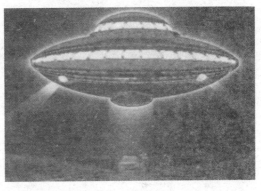

6只"触脚"，迫使人向后退。他们跟踪了差不多1个小时，穿过树林，横跨一片野地，直到它"非常迅速"地飞走了。

UFO 遗迹

　　康拉德上校于第二天上午开始进行简单的调查研究。他来到森林里探明了一个显然是由三脚架留下的三角形印迹，这个三角形印迹约2米~3米宽，2米深。目击者说，这个飞行物的顶端发出脉冲红光，倾斜的侧下面发出蓝光，它用白光照亮了整个森林。当军人们接近它时，它机灵地穿过树林消失得无影无踪。这时附近农场里的家犬狂叫了起来。大约过了1个小时，在后大门附近仍能隐约地看到这个发光物。

探寻 UFO 基地

TANXUN UFO JIDI

UFO 基地与来源探秘

经过几十年来对行星和月球的探索后，美国、俄罗斯逐渐意识到：要想进行更远的星际航行，建立太空中继站势在必行。地球人尚且如此，那么造访地球的外星人的飞碟有无基地？他们的基地在哪？UFO 的母星在哪？对此人们是众说纷纭，莫衷一是。

宇宙基地说

有许多的 UFO 研究者认为：UFO 来自太空中的银河系或其他星系。它们由若干艘庞大的宇宙飞船——UFO母舰统一运送到太阳系附近，在那里自成基地或在某个星球建立基地，之后放出子飞碟，列队或单独进入地球空间。进入地球的 UFO 有时无

乌兰巴托因其特殊的地理位置，被认为是 UFO 基地，图为乌兰巴托风光

驾驶员，受母舰遥控；有时由类人生命或机器人控制。它们可能在太阳系的金星或其他行星上建立过"中继站"，也可能在月球上歇过脚。迄今为止，有许多证据都表明月球是 UFO 基地。

UFO 海底基地

加拿大的让·帕拉尚等人最先作出海底基地的假设。经过多年

的调查研究他们得出结论：几万年前，大西洋上原有个高度文明的大西国，后来因发生战争和洪水，大西国沉入洋底，而大西国人也就是玛雅人随之转入洋底生活，在那里建立了永久性基地，但有时也乘 UFO 冒出海面，在地球空间里遨游。帕拉尚等人根据这个结论来解释百慕大三角的神秘事件和 UFO 出没这片海域的奇异现象，推说这一切都与水下玛雅人有关。

UFO 南极基地

UFO 专家安东尼奥·里维拉曾怀疑飞碟是否是德国纳粹的秘密武器。他这样怀疑的依据是第二次世界大战末期，德国人设计出了几个飞碟，其中几架很可能被纳粹用潜艇运送到南美洲和南极了。另一现象又似乎足以证明这个假设，那就是大部分 UFO 都来自南极。因此，一部分人推断南极是 UFO 基地之一。

UFO 地心基地

以德国 UFO 专家威廉·哈德森为代表的人认为：UFO 是地球上一种高等智慧生物的乘具，他们长期以来居住在地球深处，在那里形成了地下文明。他们不习惯在地球表面的空气中生活，因而需要乘特殊飞行器才能出入地球空间，其出口往往建在深山峡谷之中，或在荒无人烟的大沙漠深处。也有人认为，地层的裂缝是他们的天然出口，所以那里往往是 UFO 现象的高发地区。

UFO 中国基地

法国的新闻记者——飞碟作家亨利·迪朗最先提出中国西北茫

茫戈壁中存在 UFO 基地。他从 1954 年起利用采访之便，调查发生在法国、欧洲及其他地方的 UFO 事件，随后撰写了《飞碟黑皮书》《不明飞行物资料》和《外星人的足迹》等著作。而中国戈壁存在 UFO 基地的推测是他在 1978 年出版的《外星人的足迹》书中首次提出的。

他在《地球上有外星人基地吗》一书中有如下叙述：蒙古人民共和国首都乌兰巴托是工业和原子能中心，地处中国与苏联之间。乌兰巴托南接戈壁大沙漠，北临雅市洛诺夫山脉。并且在该城市与大山脉之间有一片荒漠，受到陡峭的山崖的保护。这里曾发生过无数起奇异的事件，从中国和苏联西伯利亚得到的目击报告表明：飞碟的飞行路线经过这一无人区域。这一点与某些探索者持有的观点相一致。UFO 选戈壁滩或南极等渺无人烟处为基地，有三个原因值得注意：

首先，如同地球人类向月球发射载人飞船选择月面沙地和回收飞行器选择海面作为软着陆场地一样，外星人要在地球上频繁降落，百慕大三角海域和戈壁滩沙漠无疑是他们选中的好地方。

其次，据美国和法国飞碟专家分析：外星来的飞碟尽量避免同地球人发生第三类接触，即近距离接触的倾向。如果这一结论属实，那么人烟稀少、人迹罕至的浩瀚戈壁沙漠理所当然成为良好的场所，飞碟在那里很难被人类发现。

此外，沙漠是陆地的重要组成部分，外星人研究地球，沙漠自然就成了一个不可缺少的课题。

黑色骑士与神秘的 UFO

在 1961 年，雅克·瓦莱在工作时发现了一颗迄今鲜为人知的卫星。这颗卫星以与其他卫星相反的运行轨道环绕地球旋转。为显示出这颗卫星"大无畏"的运动方式，瓦莱将它命名为"黑色骑士"。

1981 年，苏联一家天文台证实了"黑色骑士"的存在，具体数据如下：它在距离地球约 85 万千米处循着极大的椭圆轨道运行，体积极小，却十分耀眼，像是个金属球体。

宇航基地上的神秘事件

如果说"黑色骑士"令科学家心生疑惑，那么宇航基地发生的怪事就更令人迷惑不解。苏联拜科努尔宇航发射基地的佐罗托夫教授披露，1982 年 6 月 1 日，基地上空曾发生过一起神秘的事件，两个卵形发光 UFO 在一个橙色光晕包裹下悄悄飞临基地，而地面防御系统和预警系统都没有发现它。其中一个 UFO 离开基地飞向拜科努尔市，而发射塔周围下起了一阵银色的雨，持续了 14 秒钟，但未造成太大的危害。接着，悬停的 UFO 离开基地向北飞去。第二天，基地工程人员发现，一切机械装置上的螺帽、螺栓均不知去向，有些金属物体被熔化，人们只好把设备和待发射的火箭运送到别的基地去修理。另一个飞临拜科努尔市的 UFO 则放出了炙人的热量，致使市内全部玻璃门窗爆裂。佐罗托夫教授推测，这两架 UFO 可能来自离地球不太远的轨道，那里可能有一个 UFO 基地。

月球基地

在 1968 年"阿波罗 8 号"飞船飞向月球时，宇航员用望远镜照相机拍摄了第一张月球背面照片。可以看到：在荒凉贫瘠的月球表面上，有一些景物绝不是大自然的造物，而是人类长期争论不休的 UFO 存在的实证。证明了地外文明的存在。

超级 UFO

因为照片中的 UFO 是在不同高度拍摄到的，所以不清楚它们是否属于同一类型。如果它们大小相同，估计其直径大于 10 千米，相当于一个小城镇的面积。对比照片中矗立的纺锤形物体，旁边的 UFO 则有其 10 倍那么大，大得实在超出想象。当然，不能用现代人类的技术水平或价值去衡量它，因为这是来自其他星球智慧生物的杰作。

威尔逊的著述

托恩·威尔逊在其所著的《月球的原住者》一书中叙述道："'阿波罗 8 号'一边接近月面，一边寻找适宜着陆的地点，这时遇到了出乎意料的事情。'阿波罗 8 号'迂回到月球背面时，发现了正在着陆的巨大飞碟，并且成功地拍摄了那张照片。这个物体直径有 10 千米那么大。当飞船再一次来到月球背面时，宇航员们准备再拍一张照片，可是那个巨大的物体已消失得无影无踪，连一点着陆的痕迹都没有留下。"

专家对 UFO 的探索

ZHUANJIA DUI UFO DE TANSUO

科学家眼中的 UFO

海尔曼·奥伯特博士是世界上第一个真正研究 UFO 的科学家，被誉为"宇宙航行之父"，他是建立现代火箭理论基础的伟大科学家。

受德国政府所托，奥伯特博士从 1953 年起的 3 年内，在约 70 000 件目击报告中提到的 UFO 残片中选出可信度最高的 800 件，从中推算 UFO 的航空工程性能，并得出以下结论："科学可以把不可能和不能证实的问题看作可能，为了说明观察事实，必须充分地考虑科技假说。在已有假说中，UFO 是地外智慧生命操纵的飞行物，最符合观察事实。"

推翻否定论法则的根据

法国天文学家、计算机学家贾克·瓦莱博士，1954 年对从西欧到中东集中发生的 200 件以上的目击不明飞行物事件进行了统计分析，结果发现很多推翻否定论法则的东西。如目击事件与人口密度成反比，这和人口越多越易产生集团幻觉说相反；目击事件发生在日常生活中，且目击者无性别、年龄、职业和学历方面的偏颇，这与幻觉和病态妄想说相矛盾；从着陆痕迹测定或从状况推测的 UFO 的直径都为 5 米左右，

远古岩画上的外星人形象仿佛在告诉人们，外星人在遥远的古代便已经开始了对地球的探索

这种暗含 UFO 的现象，与其说是心理的，不如说是物理的；目击的时间分布和着陆地点分布的状况显示出存在智慧控制。瓦莱博士在 1966 年公布他的研究成果时说："只要不拒绝把 UFO 作为空中物体来研究，那么，不把 UFO 着陆的报道作为研究对象是没有道理的。只要承认有被智慧控制的可能性，就没有理由否定 UFO 着陆和搭乘员降落的可能性。"

目击者汤博

有许多科学家曾目击过 UFO，如著名天文学家、冥王星的发现者汤博。1979 年 8 月 20 日，他和妻子、岳母在新墨西哥州拉斯克鲁塞斯的住宅之外看到"6 个 ~ 8 个长方形的绿光群"，汤博说："在夜空模糊地浮现出轮廓的巨大船体的舷窗，它随后远去，逐渐变小，最后消失。如果这是地面上某个物体的反射物，那么同样的现象应该反复出现。我经常在自己家的庭院进行天文观测，但这样的现象也仅在那个时候见到过一次而已。"

地外智慧生物

地球之外存在智慧生物，这是 UFO 研究中的主要流派的根本观点，而 UFO 就是这一观点最有力的证据。但是，近几年来 UFO 虽然仍在不断出现，可人们却没有充分证据来证明 UFO 就是外星智慧生物的宇宙飞船，因而 UFO 研究曾一度陷入窘境，甚至一些曾坚持以上观点的 UFO 专家也开始

动摇，认为 UFO 研究已经步入歧途。但研究并没有因此走入绝境，20 世纪 80 年代后期出现的一些证据还是令人鼓舞的，可能会对 UFO 的研究产生重大影响。

外星人尸体

1988 年底，苏联一支由科学家组成的探险考察队在对戈壁沙漠进行科学考察时，有了令人吃惊的发现：他们在沙漠地区发现了一个半埋在沙堆中的不明飞行物。而更让人吃惊的是：在这个飞碟中居然发现了 14 具外星人

的尸体。据当时的科学家推测，这架飞碟至少坠毁在 1000 年前，由于沙漠非常干燥，坠毁的飞碟乘员的尸体并没有腐烂。这一消息是苏联科学家杜朗诺克博士 1990 年在南斯拉夫宣布的。

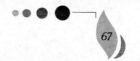

美国与苏联的努力

在20 世纪 70 年代初的一项调查中，美国有 1 500 万人自称曾看到过 UFO，其中包括美国前总统吉米·卡特。

 来自宇航员的报道

美国宇航员麦克迪·维特和怀特的报告更加引人注目，他们驾驶"双子星座 4 号"宇宙飞船绕地球飞行到第 20 圈时，在夏威夷和加勒比海之间的上空发现一个银白色的 UFO 飞向他们乘坐的宇宙飞船。他们非常担心与之碰撞，正欲采取回避措施时，UFO 从飞船旁高速飞掠过去。这些宇航员都是一些优秀的技术人员，他们熟悉火箭、卫星和其他常见的飞行物，因此是不会产生错觉的。

州长与外星人

佛罗里达州州长伯恩斯与 UFO 的遭遇更是轰动一时。1966 年 4 月 25 日，去参加竞选的伯恩斯和工作人员以及记者十余人正在乘坐飞机，这时州长突然惊呼："看，UFO！"人们涌向舷窗朝外看，在空中发现一个橘黄色的火球。起初他们以为是森林大火所引起的，

仔细一看，才发觉火球来自与州长座机处于相同高度的两个发光体，其飞行速度大约为每小时 460 千米。州长命令驾驶员追踪这两个发光体，但两个发光物体突然垂直上升，瞬间消失。第二天曼斯菲尔德在报纸上发表了关于此事的报道，引起了很大轰动。

雷达发现的 UFO

1966 年 8 月 27 日，北达可达州战略火箭基地雷达站发现了 UFO，与此同时，基地对外的电信联系突然中断，该基地安装有 3 条安全通信系统，在正常情况下电信联系不会中断，因此基地司令惊慌失措。随后，UFO 以令人难以置信的速度垂直飞向高空，从雷达屏幕上消失了，基地与外界的通信联系也随即恢复正常。

1966 年美国空军出资 50 万美元由科罗拉多大学设立"独立研究项目"，对 UFO 进行追踪探索。

苏联境内的 UFO 事件

与此同时，苏联境内也发生过多起 UFO 目击事件。克格勃对此现象自然也不会放过，于是他们邀请一批科学家组成"苏联宇宙飞行调查常设委员会"，由斯特加洛夫空军少将主管这件事。该委员会与天文台合作，采取各种先进的技术手段对已发现的 UFO 资料进行研究，特别使斯特加洛大少将感兴趣的是 1963 年 6 月 8 日在苏联发生的一起 UFO 事件：宇航员毕考夫斯基正在飞行时，突然发现一个椭圆形 UFO 尾随飞船，但片刻之后 UFO 便改变方向突然远去。

表面上极力掩盖事实真

相，对外宣称"UFO 为无稽之谈"的苏联科学院，暗中却一直没有放松过对 UFO 的研究。苏联宇宙飞行调查常设委员会其实就是一个得到克格勃支持的官方 UFO 秘密研究组织。此外，还有一些苏联科学家私下进行 UFO 的研究，阿格勒特斯博士和莫斯科航空学院的吉格尔博士均在此列。

美国的 UFO 调查组织

美国的"飞行器内部系统调查组"（简称"设计调查组"）是一个非营利性的团体，由医生、航天工程师、科学家等专业人员和支持他们的政府部长、艺术家及新闻界人士组成。该组织的研究重点在 UFO 内部系统与工程学研究上。

 ## 调查结果分析

设计调查组收集了大量外星人劫持人质的案例。调查结果表明：在 18 起案例中，有 15 起案例的被劫持者受到了医学检查；在 19 起案例中，有 15 起在劫持中出现了某种光束；在另 18 起案例中，有 15 起的被劫持者留下了医学上所说的后遗症；在 17 起案例中，有 15 起案例的被劫持者描述了飞船的内部结构。这个设计调查组已经把有关问题列了表，这对调查劫持案例的人员会有帮助。表内列举的问题涉及不明空间飞行器的详细工程系统、医学检查及检查时所用的仪器、外来生物的生理情况和被劫持者生理上的后遗症。有资格的调查人员可以通过向设计调查组提出书面请求而获得这些调查表的副本。没有各个领域内志愿人员的合作，这个组织就不可能实现自己的目标，因此对那些提供有关案例资料的人，该组织将向他们提供从案例中获得的资料及进一步的研究结果。

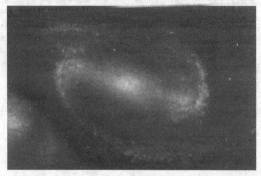

虽然这个组织有严格保密的劫持案例的资料，但也向学校、政府机关、医院、科研机构、可靠的 UFO 组织、新闻界和公众提供了丰富的研究性资料。这种交流将通过信件、每季度召开的公开讨论会、在科学杂志上发表文章、电视、广播、为 UFO 组织主办的杂志撰写文章和参加专题座谈会等方式来实现。

"不明飞行物共同组织"

　　1969 年 5 月 31 日，"美国中西部不明飞行物共同组织"正式成立，1973 年 6 月 17 日更名为"不明飞行物共同组织"，简称为"MUFON"。该组织由董事会统一管理，董事会由 15 人组成，他们之中有负责领导整个组织的负责人、4 名地区董事和其他主要部门的董事。在北美洲，各州的工作分别由各州的董事负责领导。每州又按地理位置分成由几个县市组成的小组，各州的区董事负责联络各专业调研人员的研究活动。不明飞行物共同组织与各国董事或驻各国的外国代表保持联系。顾问咨询委员会由研究主任詹姆斯·麦克坎培尔负责，其中大部分顾问都在他们各自的专业领域里拥有博士学位。由于各专业的调研人员是不明飞行物共同组织的重要组成部分，因此由雷蒙德·福勒编写的该会专业调研人员手册

受到了世界各国 UFO 研究者的重视。

 ## "不明飞行物共同组织"要解开的谜

自 1970 年以来，在不明飞行物共同组织的 UFO 年会上，许多国际上著名的科学家、工程师、研究人员和作家都对他们所感兴趣的问题作出了自己的贡献。为使与会者的见解能永远被载入史册，有版权保护的该会会议记录每年都出版并发行到世界各地。不明飞行物共同组织的正式会刊是《不明飞行物共同组织 UFO 杂志》（*The MUFONUFO Journal*），原名为《天空展望》，创办于 1967 年。不明飞行物共同组织的宗旨是以科学的方法解开 UFO 之谜和研究全部衍生物。该组织要解开以下 4 个谜：

1. 不明飞行物是不是由一种先进的智能生物所控制的某种宇宙飞船？它们是不是地球的监视者？它们是否构成了 20 世纪科学所解释不出的不可知的物理学与心理学现象？

2. 如果不明飞行物被认为是外星人控制的飞船，那它们的推进方法是什么？或者，如果这些外星人拥有在另一维空间的操纵技术，这又是怎样完成的呢？

3. 假定它们是受外星人控制的，它们来自何方？它们是来自我们的宇宙空间呢，还是来自其他空间？

4. 如果某些飞船是由具有人的特点的生命驾驶的，那我们又能从他们先进的科学技术和对地球人有益的文明中学到些什么呢？

联合国与 UFO

在 1978 年 11 月 27 日，第 33 届联合国大会特别政治委员会第 126 号议题如下：联合国设立一个机构或一个局，负责进行和协调对不明飞行物及有关现象的研究工作，并负责发布所取得的成果。

格林纳达草案

联合国大会格林纳达决议草案：

考虑到它的责任在于推动国际合作，以解决国际问题，注意到格林纳达在联合国第 30 届、第 31 届、第 32 届和第 33 届大会上关于继续探索令人类迷惑不解的不明飞行物和有关现象的声明；注意到格林纳达要求联合国进行和协调对令人惊讶的现象的研究，在世界各国更加广泛地公布有关此类现象的情报及收集到的手头拥有的其他资料的呼吁；鉴于世界各国人民对不明飞行物和有关现象的日益关注；鉴于这些现象在世界各地不断出现而引起人们的注意；同时

又看到一些国家的政府、科学家、研究人员和教学机构已经对这些现象开始了研究，例如：

1. 建议联合国协同有关专门机构，着手进行对不明飞行物及有关现象的性质和来由的

研究。

2. 请求秘书长敦促各成员国、各专门机构、各非官方组织至 1979 年 5 月 31 日止向他提供有助于该项研究工作的情报和建议。

3. 请求秘书长在适当的时候任命一个由和平利用外太空委员会领导的三人专家小组，制定指导该项研究的原则。

4. 决定专家小组在和平利用外太空委员会开会期间举行会议，研究各成员国、专门机构和非官方组织向秘书长提供的情报和建议。

5. 决定专家小组通过和平利用外太空委员会在第 34 届联合国大会上向大会汇报工作。

6. 决定将下面这个议题列入第 34 届联合国大会的临时议程：和平利用外太空委员会负责制定对不明飞行物和有关现象的研究指导原则的专家小组报告。

决议性草案

1978 年 12 月 8 日，联合国大会第 33 届大会特别政治委员会第 47 次会议第 126 号议题通过了如下内容的决议草案：大会注意到了格林纳达在第 32 届、第 33 届大会上关于不明飞行物和有关现象的讲话以及所提交的决议草案；大会提请各有关成员国采取必要的立场，以便在国家一级协调包括不明飞行物在内的外星生命的科学研究和调查，并把目击案例、研究情况和这些活动的成果报告秘书长；大会请秘书长将格林纳达代表团的历次讲话稿和与此直接相关的文件转交和平利用外太空委员会，供该委员会在 1979 年举行会议时研究。外太空委员会应格林纳达的请求，授权格林纳达在下次会议上阐述自己的观点，委员会的讨论情况将写入呈报大会的报告中，以便在第 34 届联合国大会上审议。

宇宙探索计划

地球人类不断掀起探索地外文明的热潮，与此同时，对于生命的定义、组成、意义、演化和生命存在的必要条件等的认识也在不断加深。随着科技的蓬勃发展，探索地外文明终于从理论走向了现实。

1997 宇宙探索计划

1997年，众多的航天计划中包括更新哈勃望远镜和土星探测计划这两大工程。具体相关事项如下：

2月，1997年度的第一个航天计划是更新哈勃望远镜；

6月，研究近地小行星会合的航天计划开始执行，并拍摄火星和木星之间主要的小行星带的主要成员第253号小行星；

外星人与UFO神秘现象的出现，更加激发了人们探索太空、了解宇宙的兴趣。从某种角度讲，UFO现象反而促进了地球文明的发展。

7月，首先，"国际远紫外线旅行者"号将寻找太阳远紫外线放射的长期变化，并在"伽利略"号飞船的配合下，研究环绕木星的环状带电粒子区域及其卫星的射线。

接着，"火星探路者"号在火星上着陆并放下一个小型机器人对着陆点进行探测。这次试验性火星登陆很可能为以后低成本、大规模利用机器人探测整个火星表面铺平道路。

8 月，由"三角洲 2 号"火箭携带升空的"高级成分探测者"将通过分析来自星际太空、太阳及更远处宇宙的粒子来研究太阳系的形成和演变。

9 月，经过 10 个月的飞行，"火星全球探测者"将进入环火星的轨道，每运转 1 周需要 2 小时，该探测仪将飞越火星表面的不同地域。

10 月，准备已久的"卡西尼"号将启程飞向土星。预计从 2004 年开始对土星及其卫星进行为期 4 年的观测。进入土星轨道后，它将向土星的卫星"泰坦"投下一个名为"惠更斯"的小型探测器。这个小型探测器上配备的摄像机等器材，可以观测到土星的卫星上是否有在地球上所观测到的海洋或众多的甲烷湖。"卡西尼"号将研究土星的大气层、光环、磁场和众多小而结冰的卫星。

同时，美国航空航天局再次发射系列同步气象卫星。这一系列气象卫星和地球同步旋转，可以连续监测某地上空的天气情况。

另外，"月球探测者"在坑坑洼洼的月球表面上空 100 千米处绕月球飞行一年，探测月球的构成成分和重力及磁场分布情况。它配有多种摄像分析仪，可收集月球放射的气体。该航天器将通过搜寻月球上是否存在含氢量巨大的地域来证实月球南极附近的一大片盆地是否存有大量的水。

作为探测太阳的系列航天活动，某航天器第四次发射升空。该航天器将在空中放下"斯巴达 201－4"研究炽热的太阳外层。

11 月，"热带降雨测量卫星"是第一颗专门用于测量热带和亚热带降雨的卫星，也是第一次利用空载雷达观测降雨的卫星。该卫星在空中工作 3 年，有利于人们理解降雨对大气环流的作用。这次行动由美、日航天部门合作完成。

第三类接触

DI-SAN LEI JIECHU

地外生命对人类的态度

如果真的存在外星人，那么不妨想象一下，这些智慧生命对我们可能抱有的几种态度，因此我们可以决定对他们采取什么态度，同时决定是否回应他们的来电。

人们的猜测

第一种可能是外星人对我们抱着理解与关心的态度。也就是说，外星人帮助我们，对我们有好感，这是最理想不过的。外星人愿意向我们提供相当尖端的科学理论、技术、艺术，以及其他各类情报，指点我们科学的研究方向，提醒人类千万不要做导致环境恶化、灭绝人类的事情。不过，即使这种态度能够实现，但也有相当的局限性。假设一下，我们能否从外星人的失败中吸取教训？病只有生在自己身上，才能懂得它的痛楚。如果前进道路一帆风顺，可能会减弱我们对生命、知识和艺术的追求。促使我们人类不断前进的就是"困难"。

第二种可能是外星人理解我们，但不关心我们，换句话说，他们对我们怀有好意，却不帮助我们。尽管这种态度令人不快，可能性却是很大的。如果外星人的文明远远超过了我们地球人几千年或者更长的时间，恐怕他们将会

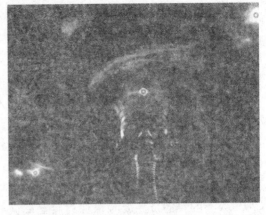

用怀疑的目光观察我们，就像我们以同样心理看昆虫是否具有智能一样。是啊，我们又能向昆虫教授什么、警告什么呢？

第三种态度是表示关心，但不理解我们，也就是说，他们之所以对我们感兴趣，只不过是出于实用的观点，比如想观光一下地球上的美景。

当然，还有一种，也就是既不感兴趣，又不理解。不过，这种可能性很小，因为果真如此，几千年来，飞碟、外星人就不会频繁光临地球了。

猜测背后的猜测

我们可以研究一下这几种态度。

首先，如果外星生物的技术水平足以发现我们的话，我们再遮遮掩掩也没有用，这并不是首要的问题。人们认为扩展"合作范围"是壮大自己的关键，为此而不断地努力；人们也体会到裹足不前的发展最终是没有前途的，所以人类多方努力，开扩眼界。这个合作范围早晚要扩展到太阳系，或许现在就已经提到日程上来了。地球人遇见的外星人越是和地球人极端不同，这种接触就越有益，越能促进地球人思想的发展。

和地外文明互通电信以后，地球人很可能和科技发达的生物相遇。而且这种相遇有助于明确自己在宇宙现状、宇宙进化阶段中所处的位置。衡量事物的尺度不同，得出的结论将更明确；人类日常

的考虑都是适应日常的尺度或历史上的约定俗成。看来，人类应该把它转换为宇宙的尺度，否则将会成为蠢人。

与地外文明接触是了解宇宙的一个有利因素，它会开阔人类观察宇宙的眼界。如同上面提到的，在进化过程中，有必要从更高的角度观察地球在宇宙中所处的位置。地球人是在一定社会条件下的宇宙生物进化的产物。宇宙进化的无机阶段已经按照发展规律到达生物学阶段，而生物学阶段又进而到达了社会阶段。尽管人类不清楚今后地球的未来在哪里，但是，认为进化到人类阶段已是最高发展阶段的想法，显然是幼稚的。

人类的目的首先要寻求保存自己。同样，恐龙也是如此。假使恐龙得以生存下来，人类大概就无法存在了。宇宙的进化没有把恐龙作为发展的顶点而永远停滞在恐龙阶段，这正是大自然的高明之处。

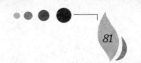
寻找外星文明

在 1968 年 12 月 21 日上午 7 时 51 分，"阿波罗 8 号"飞船从肯尼迪宇航中心飞向月球，他们用望远镜照相机拍摄了第一张月球背面照片。在局部放大的照片中可以看到：在荒凉贫瘠的月球表面上，有一些景物绝不是大自然的造物。

慢速的探索

二十多年前"先驱者"号和"旅行者"号飞船，开始带着地球人的问候遨游太空，它们以大约 17.2 千米/秒的速度不停地飞行。在地球上看来，这样的速度已是很快的了，超过了第三宇宙速度，但对太空航行来说，这样的速度是非常之慢的，简直就是蜗牛爬行，要到达离我们最近的恒星——比邻星，至少也要十多万年。

地球人的飞行器

由此可见，要想尽快与外星人取得联系，人类目前飞船的这种速度是远远不够的。能源是影响飞船飞行速度的主要原因。因为燃料过多，就会加重飞船的自重；自重太大，就会大大影响飞船的速度。

人类自从发现了核能之后，已经用它制成了原子弹、氢弹、核电站。科学家正在设计一种使用核燃料的火箭。核火箭与普通家庭中的电冰箱差不多大小，它的核心是一个压力罐，里面充满了沙粒大小的燃料丸。这些燃料丸便是浓缩铀，埋置在石墨体中，由碳化锆外壳包裹着。

核火箭的启动并不是通过点火完成，而是通过由金属铍制成的旋转镜来实现的。铍是一种反射材料，通过铍的反射，逸出的中子回到燃料丸中，不断增长的中子流引起核裂变反应，使燃料丸急剧升温。这时，将液态氢泵入火箭核反应堆，氢立刻被气化，气态氢骤然膨胀，从火箭喷管中喷出，推动火箭向前。

制造核火箭的困难在于必须设计一种辐射防护屏，必须保证在火箭紧急着落时，不发生核爆炸。

可是，按照目前的设计方案，顶多只能使飞船的飞行速度提高到70千米/秒，对于漫长的宇宙之路来说，仍然无济于事。

UFO 的多种类型

到目前为止，UFO 已经多次到访过地球，在人类有记录的文明史上，目击者所见到的飞碟的大小形状各异，这实际上给 UFO 研究增加了一定的难度。

根据目击者提供的线索，人们将飞碟大致划分为以下几类：

第一种是直径在 30 厘米左右的超小型无人探测机。人们在标准大小的 UFO 出现前首先会发现这种飞碟，它们通常为球形或圆盘形。

第二种是直径在 1 米 ~5 米的小型侦察机。曾有人见过此种大小的飞碟着陆，有外星人从飞碟中走出，并在降落地周围进行各项调查。

第三种是直径在 4 米 ~10 米的标准型联络船。多为圆盘形，是最常见的 UFO，地球人被绑架到飞碟上的事件，也几乎都是此形飞碟所为。

第四种是直径在几百米到几千米以上的大型母船。大多是圆筒形及圆盘形。但没有人目击到它降落在地面。由于有许多目击者称，有小型或标准型的 UFO 从此型飞碟中飞进或飞出，所以这种飞碟被认为可能是飞碟的大型母船。

除了上述形状，还有类似直升机形的飞碟。最近又有云状 UFO 或发光体型 UFO 在世界各地出现，但也有研究人员指出，云状 UFO 可能是圆筒形或圆盘形 UFO 等所排放的云状物，而非 UFO 机体。

外星人的多样类型

目前，根据各国的不明飞行物专家所掌握的材料来看，人们见到的外星人大致可分成：矮人型类人生命体、蒙古人型类人生命体、巨爪型类人生命体、飞翼型类人生命体四种。

矮人型类人生命体

矮人型类人生命体的身高从0.9米到1.35米不等。与身材比例极不协调的是他们的脑袋很大，前额又高又凸，好像没有耳朵，也可能是他们的耳朵太小，目击者根本看不清楚。

他们双目圆睁，双眼对光线似乎毫无感觉。他们有着和地球人一样的鼻子，但也有目击者称，他们见到的矮人的鼻子是面孔中间的两道缝。他们的嘴是一个非常圆的、有奇怪皱纹的孔，下巴又尖又小。他们的两只手臂纤长，脖颈肥大，双肩又宽又壮。见到这类矮人型类人生命体的目击者称，他们都身穿金属制上衣连裤服或是潜水服。

蒙古人型类人生命体

这类类人生命体的身高为1.20米~1.80米，各个部位都与地球人相近，肤色黝黑。但形态上很像亚洲人。

有一位目击者这样描述他所见到的外星来客："他戴着透明的、柔软的头盔，看上去很像亚洲人，面貌像蒙古人，下巴宽宽的，高颧骨、浓眉毛，双眼呈栗色，很像蒙古人的眼睛。他的皮肤很黑。"

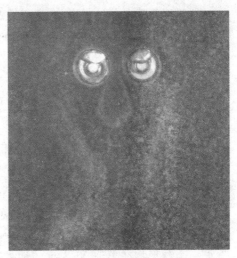

从专家们收集到的有关类人生命体的报告来看，人们遇到这种类型的生命体最多。

巨爪型类人生命体

专家们说，人们主要在南美洲的委内瑞拉发现过巨爪型类人生命体。

目击者们说，这些类人生命体全身赤裸，身高为 0.60 米 ~ 2.10 米。他们的手臂很长，与他们的身材极不成比例，手是巨型的大爪子。

1958 年 11 月 28 日凌晨 2 时，两名加拉加斯市（委内瑞拉）的长途卡车驾驶员看到了一个巨型的、闪闪发光的圆盘在地面上着陆，一些巨爪型的类人生命体从里面走了出来。有一个浑身发光、头披长发的侏儒朝他们走来。当侏儒离他们很近时，一个司机朝侏儒扑

了过去，想把他逮住。可那侏儒力大无比，一下子就把司机打翻在地，转身向圆盘跑去。与此同时，其他类人生命体从圆盘中跑出来解救自己的伙伴，随后他们消失在圆盘中。驾驶员后来告诉调查这次事件的专家们，这个侏儒有像爪子一样的手指，他的手有蹼。

这种巨爪型的类人生命体具有侵略性，他们似乎对地球上的人类带有敌意。可是，从1958年至今，人们就再也没有发现过这种巨爪型的类人生命体。

飞翼型类人生命体

1877年5月15日，在英国汉普郡的奥尔德肖特，两名正在站岗的哨兵看到，在军营里有一个穿紧身上衣连裤服、头戴发磷光头盔的人腾空飞了起来。哨兵非常害怕，举枪射击，可是没有打中。

1922年2月22日下午3时，在美国的哈贝尔，威廉·C·拉姆正在森林里狩猎。突然，响起了一阵刺耳的鸣叫声，响声过后，他看见一个球形物在离他20米远的地方着陆了。几秒钟后，他看到一个身高约2.4米的人朝那个球形物飞去。

1953年6月18日约14时30分，在美国的休斯敦，霍华德·菲利普斯先生、海德·沃尔克小姐与贾戴·万耶斯小姐，正在东三大街118号的花园里散步，突然，他们看见一个戴有头盔的人从他们眼前飞过。

1967年1月11日，生活在美国弗吉尼亚州普莱曾特角的麦克·丹尼尔夫人要到街上买东西。忽然，她发现在她右侧有一个像小飞机一样的东西贴着树梢从大街上飞掠而过，她辨认出那是一个背上长有双翼的类人生命体。

1967年9月29日约10时30分，在法国康塔尔省的居萨克，德

尔皮埃夫妇发现地面上停着一个直径为2米的圆球，有4个矮小的生灵在圆球周围飞行后又飞进了圆球内，随之圆球呼啸升空。后来，又从飞行器中飞出来一个乘员，降到地面去寻找他遗忘在那里的一个发光物。他找到后又飞回圆球内，随即圆球便迅速地飞走了。

1967年10月1日约22时，

在美国俄克拉何马州邓肯市，在 7 号国家公路上行驶的司机们发现有 3 个"怪人"站在公路旁。这些"人"身穿闪着磷光的蓝绿色上衣连裤服，他们的面容很像地球人，但双耳又大又长。当司机们向他们走过去时，"怪人"们腾空飞起，消逝在夜空中。

此外，人们还曾发现过一些不具有地球人类外形的智能生物。例如，1954 年 9 月 27 日，在法国汝拉的普雷马农场，人们看到一个长方形的生物从一个飞行器中走出来。专家们分析说这种怪物是受某种智能生物遥控的机器人。

他们属于同一类型吗

外星人的形状多种多样，他们是否属于同一类型呢？答案只有两个：第一，这些外星人不属于同一种文明，并且彼此之间互不相识，所执行的任务也不相同；第二，这些外星人属于同一种文明，他们在执行共同的调查地球的任务时还担负着自己那一部分特殊使命。

这样，人们就会提出这样一个问题：为什么外星人要让地球人发现呢？或者说，通过这些接触，外星人是否企图逐渐与地球人进行联系呢？

对于这个问题，由于专家们缺乏两者之间进行对话的材料，所以很难予以回答。

科学家对 UFO 的探寻

究竟 UFO 是客观存在的自然之谜，还是由种种自然现象所引起的错觉，或纯粹只是某些人的主观幻觉呢？

若干年来，不少科学家都在这一问题上花费诸多精力，试图揭示这一谜题。坚信 UFO 是外星人操纵的宇宙飞船的科学家，对此作出了他们的解释。尽管有些看法可能在某一方面或某一环节上存在着一定缺陷，但就总体而言，这为启迪人类的智慧、开阔人类的视野打开了新的局面。

在探索宇宙的过程中，所碰到的一个重大困难就是能源障碍。人类在不同的历史发展阶段，用不同的方法来获取能源。从科学发展史来看，对微观世界研究得越深入，人类所获取的能源也越经济、越强大、越充足。所以我们如果要得到比原子能更为强大的能源，唯一的办法就是研究微观世界更深层的结构。对于更深一层的研究，科学家认为，应从基本粒子着手。

所谓的基本粒子是指自然界中更为深层结构的粒子，夸克就是构成这种基本粒子的更小单位。在未激发状态中，夸克场在量子物理中被称为物理真空。所谓真空，并不是指空无一切的。事实上，真空本身就是一种物理介质，当外部的能量施于真空，或者用重力场使其变形时，真空中就会产生出真实的粒子，而且会使真空

具有独特的能量。有的科学家已经预言，随着微观世界深层结构的奥秘不断被揭示，人类应该对空间和时间的基本概念重新进行审视，一些以前和现在人们无法想象的现象也将成为不可否认的事实。

如果真空中存在着不受限制的内部能源，那么银河核、类星体及宇宙爆炸就有可能是这种真空能的表现形式。自然规律对于整个宇宙来说都是相同的，科技高度发达的外星球居民，正是在深入到微观世界的研究中洞察到真空能的奥秘，将它应用在宇宙飞船上。他们的宇宙飞船才能在茫茫无际的太空中遨游，从周围环境中不断地汲取原动力，进行超越地球人想象的超远距离、超高速度的运动。

在人们所观察到的所有 UFO 事件中，飞碟不仅有高速飞行的惊人能力，同时又能克服加速飞行时所产生的超重障碍。科学家推断：

在微观世界的深处，外星人可能已经找到一个能产生强大重力场的新机制并设立了一个"大场"，他们正是依靠这种对地球人来说还完全是幻想式的重力场机制，来克服超重的困难。现在已经有科学家开始研究这种"大场"。

飞碟是否能以超光速飞行，这是科学家们非常感兴趣的问题，他们正在探索宇宙中到底有没有以超光速运动的物质。

从理论上来讲以超光速运动是完全有可能的。物理大师爱因斯

坦所创立的相对论，在逻辑上也允许存在两个世界：一是我们目前所处的慢速世界，即以不超过光速运动的世界；一是快速世界，即以超光速运动的世界。

高速物质的主要特点在人类的慢速世界里是无法发现的。它们以一种任何力量都无法超越的界线，将我们同它们隔离开，并且永远不同我们发生任何关系。高速世界所积聚的能量不是随速度的提高而增加，而是随着速度的提高而减少。在慢速世界中零点能同静止状态相适应。在高速世界中，零点能同无限高速运动相联系，一旦速度减慢到接近光速时，能量会骤然增加，以至达到无穷。

周围世界远比人类已知的要复杂得多，尽管高速物质还仅仅是个假设，但我们不能排除这种可能性，随着我们知识水平的提高，在科学高度发达的未来，令人惊叹不已的超光速物质会带领人类进入更广阔的天地。

UFO 的性能

UFO 卓越的飞行性能令所有曾经目击过 UFO 的人目瞪口呆。无论是稳如泰山的凌空悬停，还是神秘莫测的起伏飞行，都牵引着科学家及天文爱好者们探索的思维。

UFO 的飞行性能可谓超凡，在这方面连飞碟专家也会啧啧称奇，他们在这方面进行了多年的研究，尤其是对那些准确的观察资料更是重视。在这些科学家中，有一位叫仲道的飞碟专家的发现比较引人注目。在一个天气晴好的中午，仲道观察到一个银灰色的飞碟在约 3 000 米的高空中沿一条正弦曲线状的轨迹飞行，虽然飞碟以极高的速度飞行，但在地面上的人却听不到一点声音，它在空中翻旋了几次，就一动不动地悬停在半空中约 10 分

钟，之后它慢慢旋转向下飞行，俯冲至离地面 30 米左右的地方，最后降到离地面 1 米高的地方，下降时的样子仿佛一片飘然落下的叶子，突然它又猛然升至树顶凌空飞起，这次经历给仲道留下了深刻的印象。

凌空悬停稳如泰山

人们印象中的 UFO 停留状态是在空中或半空中悬停，但在飞碟的上下都看不到确保凌空悬停的装置，很显然 UFO 的悬停不是依靠像直升机那样的螺旋桨。而且 UFO 在飞行时没有气流也没有烟，所以喷气推动的可能性也可以排除掉。从这些可以推断出 UFO 内部可能确实有某种可以抵消引力的装置。

升降变换　神奇莫测

如果从 UFO 驾驶的角度来推断 UFO 的升降问题，也许会得到一些线索。作用在 UFO 上的力有两种，分别是向上的浮力和向下的重力。当 UFO 要下降时，在两种力相互平衡下，UFO 就悬在空中了。如果不改变飞行器本身的升浮力，UFO 会倾向不同的方向。为了保持 UFO 的平衡，就必须改变它的浮力，才能保证 UFO 能有一种力使它平稳地向下作倾斜运动。这样，飞碟的飞行方向就由驾驶员自由操控了。

我们依然从 UFO 驾驶的角度出发来推断：UFO 究竟是如何以如此好的性能飞到很高的高度的呢？很明显，UFO 在向上飞行的过程中不存在飞行的失误，因为似乎

UFO 知道哪里有树木，哪里有电线和楼房等障碍物。UFO 的驾驶员由于抵消了引力而使飞行器的重量减轻，这样就能确保飞行器具有升力，从而能平稳上升到理想的高度，并飞达指定的地点。所有目击过 UFO 飞离着陆点的人都发现，UFO 的飞行过程明显地分为两个阶段：先慢慢地升到 15 米 ~ 30 米，然后以极快的速度飞离人们的视线。

从理论上讲，UFO 进行高速飞行的时候消耗的能量非常多，相当于一颗原子弹释放出的能量，同时还有高达 85 000℃的热效应释放出来，同时还有放射性增强的现象发生。研究人员以此认为 UFO 不是地上生物的航天器。如果 UFO 是地球生物驾驶的，但 UFO 却找不到物理学定律的支持。如果 UFO 中的驾驶员来自外太空，那么相对论的正确性就又一次得到验证，当然它的正确性早已很好地体现在回旋加速器、线性加速器、核反应堆以及原子电站的工作中了。如果 UFO 能使引力对它的质量影响缩小到没有，那么也因此可以推断 UFO 的惯性也会同时消失，包围在 UFO 旁边的引力防护屏可以像它四周的惯性防护屏一样起作用。

从这里可以推断，就算很小的力也能让飞行器达到很高的速度。UFO 的目击者所看到的景象可以证明这一推断：UFO 能在几秒钟之内消失得无影无踪。除此以外，UFO 还能以很大的加速度飞行，这种速度肉眼是无法跟踪的。因此，就给人一种转瞬即逝的错觉。

但无论如何，我们还不能对 UFO 转瞬即逝的现象从神秘学的角度来解释。当然，对于里面的 UFO 乘员，我们也不必要担心，因为在它们外面有惯性防护屏保护着它们。

起伏 飞行应变无阻

UFO 甚至能够以一种奇特的方式沿着一条不合常理的正弦曲线轨迹进行水平飞行。UFO 在引力很大的地区上空时，重力也会随之增加，于是 UFO 会进行下滑飞行，从而降低飞行高度。与之相对应，UFO 飞过引力很小的地区上空时飞行高度会因重力的减小而增加。这种引力强度的变化趋向可以通过以下事例来证明：沿着大陆表面运动会发现，海洋上空的引力强度要小于大陆上空的。另外，这一引力强度的变化也会因地球自转作用而发生变化。

但是对于一些特殊情形下的飞行就要具体问题具体分析了，在峰峦起伏的地区上空，UFO 依然能够保持固定高度飞行就说明它是在侦察地形。UFO 的驾驶有可能是用近似雷达的地面信号反射系统自动进行的，其实对于繁忙工作的 UFO 乘员来讲，用信号反射系统实现 UFO 的自动驾驶是非常方便快捷的。

驰骋天宇　飘飘欲仙

1955 年的夏天，一架美国歼击机的飞行员在墨西哥州乌基克市附近九百多米的空中飞行时，看见一个飞碟在他的头顶上空高速飞行着。飞碟呈球形，至少有千条蓝绿光从飞碟的窗户里放射出来，光束的颜色随着飞碟与飞机距离的改变而变化。飞行员跟踪飞碟从乌基克飞行至波士顿，从距离和时间推断其飞行的速度是 7 250 千米

/时～7 700 千米/时，但令人惊奇的是，虽然它是以这样大的速度运行在大气层中，但却没有产生丝毫的冲击波。

虽然 UFO 很少成群结队地出现，但在 1995 年 8 月，华盛顿上空却出现了 UFO 成队出现的奇观。飞碟当时的飞行速度是1 200千米/时，当时，美国空军雷达跟踪到了这些飞碟，以这个速度飞行的飞碟之中有几个用肉眼就能看到。几个月后，美国一架飞机在墨西哥湾上空飞行时，通过雷达系统又发现了几个飞行速度为8450 千米/时～14 500 千米/时的飞碟。让人觉得不可思议的是它们的飞行速度。因为在人类能力的范围内，就算是用于宇宙考察的大型运载火箭，也只有在近地宇宙空间飞行时，速度才能达到 29 000千米/时。

还有一次是美国载人登月飞船在飞抵月球时，发现从地球飞往月球的途中，一直有一个神奇的不明飞行物跟踪在它后面，保持着不远不近的距离，其成熟的飞行技术可见一斑。飞碟飞行时要避免产生冲击波才能提高飞行速度，那么根据现在的情况来看，飞碟在飞行时确实能抵消冲击波，虽然其中具体的缘由还不太清楚，但人们也能从中推断出个中原理：飞碟在前进时会向前方空气发出信息，空气分子收到这些信息后就会自动给飞碟让路，待飞碟顺利通过后，空气气流又会恢复原状。UFO 就是以此轻松地在空气中畅通无阻地穿行。这样的飞行，飞碟耗能小，而且也不会在飞碟的前方产生冲击波。

自旋变换　奥秘无穷

在一般人的印象中，飞碟在飞行过程中不断作旋转运动。确实如此，飞碟在飞行中或整体或部分在作自转运动，那么飞碟为什么以这种方式飞行？旋转的部分能发出声音吗？飞碟中有没有固定的

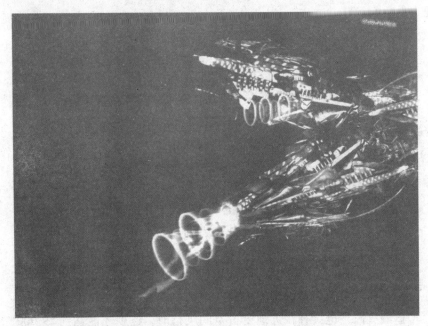

东西使它做旋转运动呢？

　　有些观察者发现：将要离地的飞碟是上部开始旋转直至升空，同时旋转速度也在加大，最终达到速度的最大值。这种飞碟整体旋转的特点与飞碟的类型应该没有什么关系。因为旋转的飞碟既有球形的又有卵形的，还有我们常见的圆盘形的。

　　不过让人好奇的是：坐在飞碟里的乘员在飞碟旋转的情况下处于什么样的状态呢？其实为了不影响 UFO 乘员的正常工作，飞碟的旋转部分只能是我们看到的外层结构，所以人们猜测飞碟的内外结构之间一定装有某种装置才能达到外层旋转，而内部却能够不动。在这种情况下，飞碟外壁上的舷窗也会随飞碟旋转，那么飞碟中的乘员在向外观察周围时，就必须让飞碟停下来才能方便观察。

　　这样的例证也是存在的。一天夜里，一个农场主开着车子在野外行驶，一抬头看到一个"陨星"坠下来，在落下来的过程中突然悬停在了半山腰上，原来是一个旋转的飞碟。当农场主用汽车灯向飞碟唯一的舷窗发出信号时，飞碟停止了旋转，将它唯一的窗口对准农场主并且一动不动。飞碟要飞走的时候又开始旋转，几个机动的飞行动作过后，飞碟迅速地飞离了原地。

但是有一个特点是无论哪一种飞碟都具有的，那就是飞碟着陆后是静止不动的。所以能观察到飞碟的旋转其实也不太容易。大量的观测数据表明，旋转飞行不是飞碟飞行时所固有的属性，它是否旋转取决于飞碟驾驶员的意志。

动能之谜　溯本探源

看到过飞碟的人们对飞碟着陆时的情形都有几乎相同的描述：飞碟在上升或下降时会有产生狂风，风的强度可以推倒一个人。而如果飞碟停在沙漠地区，那它周围将是一片沙暴。如果飞碟下面是雪地，它就会把雪都吸到飞碟的下面或造成雪旋风暴。如果飞碟停留在大海的上空，那么海面会掀起 15 米高的巨浪。而且浪头会朝着飞碟行进的方向翻涌。有时飞碟飞过时产生的力量能掀翻一辆小汽车。这些都可理解为"飞碟风暴"导致的结果。但也有这样的可能，即飞碟直接对汽车产生物理作用。在一次观察中人们发现，一辆观测车被飞碟带到了空中，然后被翻倒在路旁的水沟里。

人也能感受到飞碟所产生的这种作用力。一位来自德黑兰的目击者声称：他曾与一个飞碟相遇，当时飞碟像一块巨大的磁石一样将他吸到半空中。还有一位目击者说，他看见一个飞碟乘员在向他挥手示意，让他不要靠近飞碟，接下来他感觉自己的双手被一种力拽向飞碟停着的方向，然后又被抛了下来，他的肩膀还碰到了飞碟的前边缘。飞碟有一个明显的现象就是：在它下方会有一个圆柱状怪异带，这个地方会产生延伸至地面的一种作用力。观察研究表明：飞碟的这些作用力对石头以及木材没有影响，但是可能会影响物体的化学成分。其中尤以雪和树叶对飞碟的作用力反应最为明显。

飞碟的特异作用还不仅仅局限于此，它在地球上还会产生超自然性质的热力作用：地面下方的草根被烧焦了，但它暴露在地面的草却完好无损。这种情形人们只有在实验室里才能看到。美国空军实验室将放在高速旋转的铁盘上的山菜加热到一定温度也产生了上述的现象。所以，飞碟现象研究专家认为：是飞碟以自身的交变磁

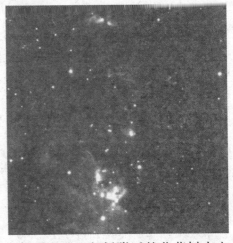

场使飞碟表面产生热感应效应，唯有这一原理才能出现此种现象。

还有许多例子可以证明在飞碟周围永远都有热感应现象产生。法国一名大客车司机和 20 名乘客同时感到热感应效应，证据就是当其中一个飞碟靠近大客车时，车内的人身上的衣服全都起火；而有一次飞碟降落在一个水泊上，待飞碟离去时水泊里的水都干涸了，包括附近的花草树木也全都干枯了。这种花木干枯的现象就体现出飞碟产生的微波效应的威力。水分子在那种情形下完全吞噬了微波能。而草根枯焦草却完好的现象就是飞碟产生的微波辐射作用的结果。

在利比亚还有关于飞碟特异现象的报告。一个农场主有一次在公路上看到一个停在路上的卵形飞碟，它的上部酷似现代战争中才有的透明圆顶形舱室，有 6 个类人生物坐在里面。农场主走上前去触摸了一下飞碟，一种电击的感觉立刻传遍全身。之后农场主看见里面的一个飞碟成员用手势示意他离开，那些飞碟上面的人开始摆弄他们的仪器，20 分钟以后，飞碟又飞走了。

与此相类似的例子还有很多。有一名加拿大的地质学家看到一个飞碟，经过 30 分钟的仔细观察之后，他决定上前去探个究竟。走近飞碟时他发现，飞碟的门是敞开着的，里面好像还有人在说话，于是他就用英语和里面的人对话，接着又改用别的语言。地质学家出于好奇用戴着胶皮手套的手去摸飞碟，胶皮手套被烧焦了。飞碟离开以后，他的手上出现了烧伤的痕迹。不过令人好奇的是飞碟表面并没有什么明显特征能表明它很热，而且触摸过飞碟的人也都没有死亡，这说明飞碟的电压并不高，但飞碟上的电具体是什么电就无从知晓了。

特异效应　光怪陆离

我们是否可以推测，频率为300兆赫～3 000兆赫乃至更高频率的电磁辐射能便是引发下列现象的原因呢？

1. UFO周围的彩色光晕主要是由于大气层中惰性气体发光而产生的。

2. UFO所发出的闪烁白光，其原理同球状闪电现象的原理相同。

3. 出现化学变化，且各种变化中的气味都不相同。

4. UFO产生的微波效应可使灯泡钨丝电阻提高，其结果是UFO附近的灯光或者变暗或者熄灭。

5. UFO靠对点火系统中部分电器的接触增加阻抗和减弱供电器初级线圈中的电流，使内燃机熄火。

6. 罗盘指针剧烈摆动，磁性里程突变，甚至使金属路标被震破。

7. 靠酸性电解液直接"吞噬"能量，在这种情况下汽车蓄电瓶会变热。

8. 靠骤然激发电路线圈的电压对无线电和电视广播的接收效果产生感应和干扰。

9 使变电所绝缘继电器强行吸合，从而使电网停止供电。

10. 水分子的谐振使青草、细小树枝、小树丛枯萎，土壤干燥。

11. 使 UFO 着陆现场的草根、昆虫和树木被烧焦。

12. 使某些沥青公路变热，并使其产生挥发性气体最后起火燃烧。

13. 使人体感到发热。

14. 人会有被电击中的感觉。

15. 距离 UFO 较近的目击者会出现短暂的瘫痪。

16. 对人的听觉神经产生刺激，使人耳内听到"嗡嗡"声或浑身酸痛。

1957 年在美国空军一架 B－47 战斗机上进行了一次对 UFO 专业化程度最高的观测。当时，飞机正在墨西哥湾和美国中南部区域上空飞行。突然有一个像谷仓那样大，并闪着均匀红色光晕的飞碟，以远远高于喷气式飞机的速度行进着，它在空中不断更换飞行速度，以便紧紧跟住 B－47。飞碟在飞行的时候似乎不是在飞而是在跳，从一个点跳到另一个点。对 UFO 的坐标定位，是用雷达在空中地面两处同时进行的，同时还发现此飞碟能放射出频率为 2 500 兆赫的非常强的电磁辐射能。B－47 战斗机从墨西哥湾上空归来的时候，在密西西比州的墨里迪恩布上空又遇见了一个 UFO，它的速度是 800 千米/时，它以这个速度跟在

B－47 后面玩起猫鼠的游戏：它绕着飞机开始转圈。一个半小时以后，这种绕圈的旋转运动才结束。在这一过程中，B－47 已经飞过了整个密西西比州。B－47 随后摆脱了 UFO 的环绕跟踪回到位于福尔普斯的空军基地。在这个过程中，有 5 种监测仪器显示 B－47 曾经与 UFO 相遇，其中包括：机载雷达、两部装有电子对抗仪的机载接收机和军用地面监测雷达，以及飞行员在全程中的肉眼目测。

此次 B－47 战斗机与 UFO 相遇也有很大的收获，从 UFO 发出的信号人们可以分析得出以下结论：信号发射频率为 2 995 兆赫 ~ 3 000兆赫，脉冲宽度 2.0 微秒，脉冲复现频率 600 赫，自转速度 4 周/分，极性为垂上式。但无线电探测器对这些信号没有反映，它只表示该信号源在高速运动。虽然 UFO 发射大功率电磁辐射脉冲信号只是采用复现脉冲低声频极窄微波波段发射，但从飞机上还是能观测到这个信号源所处的方位。

UFO 的动力系统对它可谓意义重大，而 UFO 的微波能辐射流是这一动力系统重要的统一因素。UFO 的动力系统可以用某种方法来减少引力和惯性力，甚至可以把人类目前无法征服的不利飞行因素

彻底消除。这个动力系统可以使 UFO 超高速飞行，而且还不会产生冲击波。

在巴西，有一次两个目击者突然听到头顶上有一种奇怪的轰鸣声。抬头看时，发现有两个飞盘悬在他们头顶上方的半空中一动不动。飞盘的直径有 3 米左右。假设轰鸣声来自 UFO 的微波能脉冲作用，那么这两位目击者就受到了远超过人体承受极限的微波辐射。如果人正常能承受的微波辐射为 0.333 兆瓦/平方厘米的话，UFO 所发出的微波辐射能就有 1.6 兆瓦，与无线广播电台 0.5 兆瓦的发射功率相比，这两个 UFO 在凌空悬停时产生的功率就非常大了。

探索 UFO 高超的飞行原理

现代飞行器的飞行原理为大多数人所熟知，可是直到现在人们也没有搞清 UFO 的飞行原理与理论依据是什么。如果按照现代物理理论来看，UFO 的飞行原理是无法解释的。

高速、旋转、悬浮……在普通人笔下，飞碟的飞行状态是被这样描述的。然而在专家笔下，飞碟独特的飞行方式可以用诸如随意转向、垂直升降、高速行进、空中骤停、电磁干扰、安静无声等专业性词汇来描述，那么，飞碟的实际飞行原理又是怎样的呢？

飞碟要想实现其独特的飞行方式，它的飞行动力就必须先进。人类现在的科技实在无力与之相比，因为要研究清楚其动力原理，对于人类来说还是一件很遥远的事情。这些是现代的人们对飞碟飞行原理作出的常见猜测：

1. 以意念移动：由于人的思维有超时空性，所以有些具有特异功能的人能够用意念使物体移动。可能是人脑发出意念场，使物体先解体，然后再通过门窗墙壁等障碍物的原子间的空隙，将解体物体又合成为原来的结构，这样就形成了能突破空间阻隔的传输。

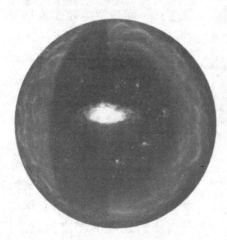

2. 以分解传输：将物体分解成基本粒子以光速传输，以信息码载入分子机重组原来物体。

3. 电磁力推进：利用超传导的电磁场产生强力磁场与

高压，并使周围空气产生等离子化现象，借其反作用力来推进。

4. 以重力推进：如果飞碟科技水平已发展到利用重力场，能自由选择要哪个星球的重力场对它发生作用，其他重力场就都消失了，只剩那个星球的重力场存在，就很容易被那个星球吸引而飞过去。

5. 统一场推进：爱因斯坦的"统一场论"为一些 UFO 专家提供了理论研究的依据，他们认为在宇宙里电磁场和引力的关系十分密切，两者可以说是相互演变与斥合。然后通过场共振将电磁场、重力吸引、强弱核力之间的作用力组合起来，让它与时空及太空船等结合，使几个方面相互协调，这样太空船就能从某一点贯通到另一点，到达另一个在人类看来也许数万光年也到达不了的那个遥远的地方。

 ## 光频率飞行原理

关于飞碟的飞行原理比较前卫的看法还有最近被提出的微光子飞行原理。提出这一想法的人设想：一艘造型美丽而风格简约的碟形太空船开辟了一条通往星际的路，它的身上闪耀着来自宇宙的光芒。星系的存在实体、星际太空的深度都由可见光和不可见光的光波组成。宇宙的基本组成部分是光的电磁波形式。我们的生存就像光的微原子之于较大的个体一样，意志、精神灵魂的造诣和思想是由不同速度的光波构成的。

电是光的微原子，包括声音和色彩都产生于不同速度的微电子。

光也是一种拥有智慧的能量，它可以用思想的方式进入存在的实体中，光微原子的模式随思想改变而改变（意思是可以以思想波来控制一些事物，例如飞碟的推进系统，手提的微型电脑，甚至是心灵感应）。当一个人得到光和谐振动的公式时，生命及宇宙奥秘钥匙就存在于光的和谐交换作用中，所有转换数学公式都建立在光的振动频率和反重力波以及时间调和上，那就是涡状光。每个瞬间波动的频率，若能控制这个频率就能控制及改变时间。在太空船的保护下，就能从一个星球瞬间转移到另一个星球，或从一个太阳系瞬间转移到另一个太阳系。在这里，时间就像几何学一样，被控制住了，或者根本就消失了。

飞碟反重力飞行的原理

美国加州大学教授、诺贝尔奖获得者哈金森，在他的实验室进行光和太空物理定律的重要性测定，并取得了重大成果。哈金森在从事电磁场和电磁石以及物质分子结构的改变的研究过程中，不断取得重大成果，并提出一个惊人的假说，即重物在空中飞行可以不需要推进系统。哈金森通过实验又得出一个惊人的成果：将物质反置于某种电磁场，物质组成会改变，不用热力作用，硬金属也会变成像橡皮一样的柔软物质。

下面我们来做一个实验：首先将一个重物置于两个泰斯拉线圈

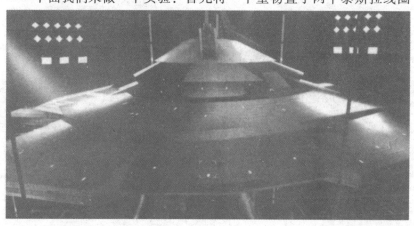

中间，然后将两个线圈分别通电，这时重物受到两个泰斯拉线圈磁场的作用，相互抗衡的电磁场的电磁力互相抵制，当作用在重物上的重力位能差变为零时，即梯度向量因力场抵消而变为零时，虽然两股力量仍然存在，但重物却可以随着线圈的移动而飘浮在空中。这也是魔术大师们常用的障眼法术。推而广之，如果有人可以正确地用力量去控制宇宙或地球的磁场，飞机就可以在没有任何推进器的情况下飞行了。

另外一个原理也可以达到同样的效果，即利用磁静位能改变真空。换句话说，那是极点，它能使物质单磁极化，例如金属。而金属单磁极化后会使所有粒子单极积存，最后会使金属爆炸分离为一个个粒子，像从未结合过似的。

哈金森还通过另外一个实验来为 UFO 的飞行原理提供了佐证，即核子的析出实验。虽然核子最终未能穿过电子层，但也提供了一种假设。原子核是在电子层中间的，所以你如果改变了原子核，就会造成原子结构的变化，制造出一种在正常程序下无法形成的合金。而哈金森在实验室制造了几类由此类冲击所造成的合金，这些合金一旦附上数量化的辐射，原子核就会持续地释放很长一段时间，不断改变其合金的结构，这种能量释放的时间可维持一年以上。曾有一位 UFO 爱好者提出疑问：为什么飞碟是圆形？可以摆脱惯性吗？会发光吗？没有声音吗？可以直角转弯吗？是以旋转的方式来飞行吗？

首先，飞碟不是旋转飞行的，这是飞碟给人的一种错觉。因为飞碟的飞行模式和动力概念不同于地球人的飞机，飞机是要依据空气动力学的原理，也就是说要有机翼，利用叶轮来带动，还要分头尾（机头、机尾），受地心吸引力限制，飞行时带有一种向前的惯性。而飞碟在大气层内的飞行模式和动力系统是不受地心吸引力影响并摆脱了惯性定律的。简单地说，在大气层内飞行的同时，UFO 的动力系统可以制造并建立属于自己的重力场，使得其自身的重力位能和向量有着特别的定义，视地球重力场如无物。也可以说飞碟是进行反重力飞行的。

可以想象一下，如果飞碟是敞篷的话，即使处于高速飞行也不会吹乱你一根头发。其实原理很简单，因为飞碟本身已经是一个引力或重力的整体，仿佛宇宙中的一个星体。以地球为例，假如你是一个数千米高的巨人，站在地球的地平线上，你还是不会感到或觉得地球在宇宙中旋转运行着，你会问："究竟是地球在宇宙中运行还是地球根本没有移动过，只是宇宙的转动给人造成了错觉呢？"地球重力场原理就是这样。对于飞碟的飞行原理我们也可以这样大胆推测，从众多我们现在所掌握的 UFO 目击资料中综合推论出飞碟飞行时的特征如下：

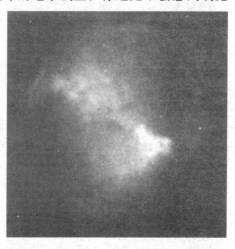

1. 飞碟不使用人类飞机的燃料式推进系统，而是利用类似于引力推进的技术，可把飞行器固定在天空中的任意位置而不会掉下来，换句话说，可以视重力（地心吸引力）如无物。

2. 从飞碟的突然出现或消失来推断，飞碟的驾驶系统所具备的高科技水平可以穿越时空（多重宇宙或次元理论）。

通过上述两点，我们可以作出这样的推断和假设，飞碟在大气层内飞行时可以不受重力（地心吸引力）影响，简单地说，便是可以在固定的空间使飞行器处于某一个坐标，固定地停留在那一点，不用跟随星球一起转动，而当星球转动时，飞行器便可以不用一点推动力而前进，原理就是飞行器不需要动力系统，而是利用星球的力场在运动罢了。所以飞碟中的驾驶者不用忍受像驾驶超音速战斗机般的重力压迫，因此雷达中所监测到的飞碟会以 1.8 万千米的时速掠过。或者飞碟在向着一个方向飞行时，不论速度有多快，都可以摆脱惯性，不用作任何减速，即可以突然向相反方向或以直角飞行。所以飞碟没有机头和机尾的分别，因此在设计上可以是圆碟形，而圆碟形的设计也可以大大增加视野的开阔性。观察地球上的人类和其环境变化也是飞碟在地球上出现的原因，但不是唯一的原因，还有其他很多的原因令 UFO 在地球上出现。

碟形的外星飞行器属于小型飞行器，但现在还不敢肯定除了碟形的设计外，外星人是否还有其他形状的外星飞行器。如果说碟状造型的飞行器是用来观察的话，那么一定还会有不同功能、不同造型的飞行器存在。如果在地球出现的碟形 UFO 只是为了观察，并无侵略意图，那么在外星人的文明世界中，也可能会有军事用途的机种，比如子弹头形、雪茄形等造型的飞碟，就算不是攻击型的飞碟

也会是防守型飞碟，因为任何的文明世界都有保卫自己领土的必要。现在我们地球人在地球上所见过的外星人飞行器中，至少就有两大类，一类是常在大气层内出现的圆碟形且呈扁平状的一种；第二类就是雪茄形较大的母船。关于母船的目击事件是很少有的，因为它们很少进入大气层。

母船的外形就像一枝雪茄，而地球人目击过的最大的母船大约有600米长。

"黑洞"飞行原理

关于"黑洞"的理论已流传了很久。它存在于宇宙中的某些星系里。"黑洞"是由大质量恒星毁灭后坍塌凹陷而成。当那些体积比太阳大50倍的恒星体积猛缩时，会缩到比中子星还小。当收缩后的体积只有中子星的2/3时，它的引力似乎变得无穷大，没有什么东西能够抗拒，甚至光线也无法逸出。

"黑洞"具有如此强大的引力，自然会把附近的物质都吸过来。有一种"黑洞"理论甚至认为，它们终究会吸尽宇宙中所有的物体。

"黑洞"存在于宇宙星系中，任何接近它的物体都不会逃出它的"手掌心"。"黑洞"本身发出的光在还没有到达远方时，就会被引力吸引回来。所以，这种恒星不会进入人们的"视界"中，而只是以"黑洞"的形式存在于宇宙空间中。"黑洞"的引力虽然强大，但是也有一个限度，到达这个限度时，光既不能离开，也不能退回。

那么落入"视界"并且消失在"黑洞"里的物体的命运又是怎样的呢？物理学家已经被这个问题困扰了许多年，比如说，掉进去的是一个驾驶飞碟的外星人或我们的宇航员。多数物理学家认为这个驾驶飞碟的外星人和我们的宇航员会被"黑洞"中强大的引力所摧毁，或者在他们接近"黑洞"核心时在伽玛射线的照射中瞬间爆炸。从理论上说，一个躲过这种厄运的外星人或宇航员将会经历一些非常奇妙的变化，比如相对论意义上的强烈的时间扭曲，会使他在短短几秒钟内看到整个宇宙的未来，包括一切细节。如果宇航员有幸穿过奇点，他或她将会进入一条时空隧道，从另一端的"白洞"出口被抛出来，进入另一个时光倒流的宇宙。然后依照这种理论，可能会出现一个很有趣的现象，即"视界"上的光影几乎永远也不会消失。举例来说，如果一个地球人有幸飞向一个"黑洞"，可能在几百万年之后，仍可看到他穿过"视界"的影像。

但是一个地球人接近"黑洞"的希望微乎其微。在接近"视界"时，他的太空船和身体较接近"黑洞"的部分，就会受到渐渐增强的引力的作用，而被拉成若干千米的长条，同时压力又会把太空船和人体的体积压缩。

如果地球上的太空人在飞向"视界"的同时，观察一座时钟上的指针，他会发现钟面上的指针似乎越转越快，最后完全看不清指针了。穿过"视界"之后，情形刚好相反，钟面上的指针转动渐趋缓慢，他会觉得自己似乎身处于时间倒流中，但是看看他手腕上的表，时间并没有改变。

一经超越"视界"，太空船将永远无法摆脱那股强大的引力。事实上，他越努力避免这种厄运，厄运就来得越快。斥力越大，引力也越大。

地球上的太空人接近"黑洞"

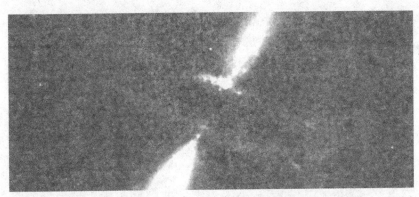

时，他和太空船早在降落之前，就已经被强大的引力扯成碎片。"黑洞"若是不大，例如只有太阳 2 倍大小的"黑洞"，太空船连同里面的人只要二千万分之一秒就会降到"黑洞"的中心。所以，"黑洞"要非常庞大，才有机会使人感觉到降落的时间。甚至在一个比太阳大 100 万倍的"黑洞"中，降落时间最多不超过 100 秒。"黑洞"的一切与宇宙的其他物体并不相似，而是完全相反，宇宙不断向外扩展，"黑洞"却不断向内收缩。20 世纪人类物理学界的天才大师史蒂芬·霍金提出的理论，为超现实主义者们提供了想象的空间，也许宇宙"黑洞"不但可以产生另一个宇宙，而且它强大的引力与反物质定律会成为外星人及其飞碟的一种新的飞行原理，即飞碟可以借助"黑洞"引力和它狭小空间的巨大包容力快速穿过我们宇宙中广阔而遥远的距离，迅速从宇宙一端到达另一端。

电离化真空飞行技术

　　如果外星人及其飞碟真的存在，有些飞碟在大气层内飞行时，可能还会利用电离化的技术。

　　在目前我们获得的一些关于飞碟的照片中，飞碟有一个发光的光环，其实这是它通过把飞碟周围的空气电离化来实现的。简单地说，就是飞碟将自己置于一个类似真空的环境中飞行，因为真空会给处于其中的物质提供一种特别的重力环境。假如我们生活的地球处于真空中，所有的物体都将处于失重的状态，在同一高度放下一根羽毛和一块铁，它们下落的时间是一样的。所以 UFO 在飞行时将包围飞行器的空气电离化，使得飞行器像在真空中飞行似的，这样不仅可以提高飞行的速度，而且飞行时还没有声音（因为飞行器没有和空气的粒子产生摩擦，机身也绝对不会碰到一粒在空气中的粒子），即使在近距离内目击飞碟，目击者也不会听到飞碟飞行的声音。

许多 UFO 专家都一致认为，UFO 的推进系统是依据电磁学原理进行操作的，在这种操作状态下，重力的作用无足轻重。飞碟的驾驶系统位于飞碟底部，外观呈现三个半圆球体，也可以个别分开来探测，而贯穿飞碟上下并且位于中心的中轴棒（磁柱）也有许多功能，它有许多潜望镜片可作高度倍数的

观察，也有助于吸收静电来补充消耗。根据电磁学原理，通了电的线圈中如果加插了柱心，并布置在中间的位置上，就可以产生飞行所需要的能量，而飞碟中间的磁柱也有着相同的原理，就像是泰斯拉线圈中间的柱心一样。

"蠕虫洞"飞行原理

所谓"蠕虫洞"飞行，即不需要横越两点中间的空间而到达目的地的飞行。

在圆形飞行器的飞行过程中，目击者都会有一种强烈的困惑，那些碟形飞行器的飞行技术高超无比，似乎可以摆脱惯性的定律，也不需要繁杂的动力推进系统。星际间那么遥远的距离，它们是如何实现太空旅行的？非物质化可行吗？宇宙中是否存在独特的空间结构，穿透它可以到达别的次元空间吗？这些困惑可以在一种理论中得到谜底，那就是"蠕虫洞"。

宇宙不是单一的空间，在宇宙中旅行，是穿越不同时空的跳跃

之旅。跃入第三、第四空间，是飞碟进入时空之旅的一个片段。而"蠕虫洞"是实现这些跨越的通道或起跳点。利用"蠕虫洞"，飞行器可以在瞬间从几个银河系之外跃回地球的时空，也可以在各个银河系之间跳跃。也就是说，实现太空旅行靠的不是速度，而是内部分子的转换或交换。

可以想象一下，理解观念是一种承认理解本身有一种模型，它可以是精神上的理解，也可以是物质上的理解。以我们每个人为例，我们每个人都是一个小宇宙，可以是多次元的、开放的，可以认识并主宰时空的法则。但每个人又不是独立的，人都是社会中的人，只有不断地接触与连续发展才能生存下去，"蠕虫洞"的原理就是这样。

现实的振动频率可以穿透彼此，宇宙就像是格子一样，如果你愿意的话，可以沿中轴点把格子折叠起来，这样就可以让我们能够穿过帷幕，穿过次元的窗户，收集到宇宙提供的适合我们发展变化的信息。

比如，如果要做一项工程，其目的是通过此工程以实现用大过光速的速度飞行。但根据相对论理论，我们似乎不能快过光速，不过可以避重就轻。依据量子力学，将一小束引力子集中起来，当空间曲率到达无限大时，空间会被扭曲、折叠，从而出现一条通道，情形就像"黑洞"一样。

这里我们用一个很简单的比喻来说明"蠕虫洞"的概念。你手拿一张白纸和一支笔，白纸代表空间，而笔代表交通工具（太空船），用尖的物体在纸上任意做两个洞（A点和B点），这两点是在空间和时间上都不同的地方，假如你要由A点去B点，你可能会说最快的途径是在纸上画能够把两点连接起来的一条直线，没错，根据相对论或物理性的理解这的确是最快的途径，但是如果两点相距是以光年计算，那么我们穷尽一生也不能在理想的时间内到达，更不要提什么外太空旅行了。

但从现代的、新生物理学里的、量子力学中的空间曲率和不同次元的理论可知，我们不需要用直线途径来航行。拿起刚才有两点的纸张，把它折叠，直至两点对应，用笔一连穿过两点即可。那样，我们便不需要花上一点时间而到达目的地，然后把纸张翻开至原状（空间还原）。

同样道理，当太空船要穿越两个在空间和时间上都不同的地方时，这两个地方就会同时出现在一点。当通道贯通时，雪茄造型的母船便会很容易地穿越通道到达目的地，而不需要穿越其他的空间。而这一过程进行时是会发出光的，因为光也被吸了进去。"黑洞"也是一样，否则我们便不能看见"黑洞"。

"蠕虫洞"的原理与"黑洞"有相类似的地方，在宇宙空间中可以打开通往另外一个时空的通道。但"黑洞"让人有扑朔迷离之感。跌入了"黑洞"的东西去了何处？是永远逃逸于太空，还是在太空的某一维时空中再现？或许在太空另一维存在"白洞"，释放出了"黑洞"所吞噬的物质。

这个效应在物理学中被称为"卡西米尔效应"，而这个效应也可用于"自由能"。

1. 在地球上制造两组金属板，每组由两块金属板组成，而两组金属板是完全同步和平行的。

2. 两组金属板平行放置，然后给两组金属板充电，电压尽可能调高。充电后，小洞开始出现。

3. 用一架可以接近光速的飞行器把副本（即其中一组金属板）送上太空，正本留在地球上。

4. 当飞行器以接近光速飞行时，会出现时间膨胀，时间开始减慢（根据爱因斯坦的理论），时间减慢，两组金属板在时间和空间上不再同步。

5. 只需踏入在地球的一组金属板中间，就立即被吸进去，不需横越其中的空间便会到达另一极金属板所在的位置。

最早提出关于外星人存在的是谁

关于宇宙中是否存在地外文明的问题，人类一直在苦苦探索。由这个问题所产生出的种种猜测，却因没有有力的证据而无法使人们信服。那么，到底是谁最早提出了有关外星人存在的问题？

很久以前，地球之外可能有生命存在的看法就已经产生了。当然，早期的设想都带有一些神话的色彩，但是其中却也隐含着一些事实的真相。

在古老的古希腊时期，出现了许多伟大的哲学家，阿那克萨哥拉（公元前500年—前428年）就是其中之一。他曾对月球作出这样的设想，月球是一个像地球一样的世界。还有一位叫梅曲鲁多罗斯的哲学家，他认为，在渺茫无边的宇宙中，若是认为地球是唯一的居住世界，那就好比在一块农田里播种谷子，而断定只有一颗谷粒能发芽生长一样荒唐。

但是，阿那克萨哥拉与梅曲鲁多罗斯的猜测还只是一种哲学推理，都缺少科学的依据。而且当时又处在黑暗的中世纪，欧洲正处

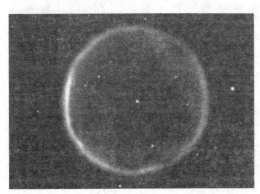

于神学的牢牢束缚和控制之下，这些闪烁着光辉的思想，很快就被神学的说教掩盖了。

直到伟大的波兰科学家哥白尼（1473年—1543年）进入科学的殿堂以后，他毅然否定了古希腊学者托勒密（约

公元 90 年—公元 168 年）所创立的"地心说"，率先打破了神学在思想上的禁锢。"地心说"认为地球是宇宙的中心，围绕地球有九个天层，它们依次是月亮天、水星天、金星天、太阳天、火星天、木星天、土星天、恒星天，最后是上帝居住的最高

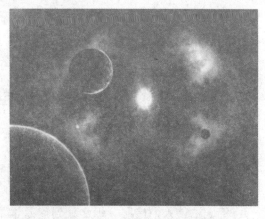

奇特的外形是地外生物与人类的最大区别。

天。这种学说认为，人类居住的地球在宇宙中具有非常特殊的地位，同时它也否定在其他天体上有任何人类生物存在的可能性。

哥白尼经过多年的天文观测，认为太阳才是宇宙的中心，因此他冒着被教会迫害的危险，勇敢地宣布，地球不是宇宙的中心，而是和其他行星一起，围绕太阳旋转的，太阳才是宇宙的中心（当然，人们现在知道了，太阳也不是宇宙的中心，而只是银河系中无数恒星中的普通一员）。因此他的学说被人们称为"日心说"。这就使地球降到了一般天体的行列。这也使人们意识到，不只是地球上有生命，其他星球上也有存在生命的可能。

16 世纪末，意大利著名科学家布鲁诺（1548 年—1600 年）明确提出："宇宙中有着无数的太阳，无数的地球，它们环绕着自己的太阳旋转……在这些星体上，居住着各种生物。"在布鲁诺之后，又有许多著名的科学家，如开普勒（1571 年—1630 年）、惠更斯（1629 年—1695 年）、康德（1724 年—1804 年）等等都从不同角度提出过有外星人存在的说法。

我国古代是否也有人提出外星人问题

西方的学者早在中世纪时期就提出存在地外文明和外星人，而且他们也为此不断地进行寻找和探索。而在东方，古老的中国同样也对浩瀚的宇宙产生了许多猜测，那些在民间广为流传的神话就是在这种情况下产生的。

在我国古代，人们常常有"天外有天，人外有人"的说法，想象出有九天之外的众仙居住的天上宫殿，月亮上有嫦娥与广寒宫等，当然这些都是属于神话的范畴，并不是一种理性的思考。

若是从理性的角度来探寻，那么，大约出现在二千多年前的秦汉时期（约公元前206年—前220年），被后人称为"宣夜派"的学者大概就应是较早的先驱了。这是一派具有唯物主义思想萌芽的学者，他们主张宇宙是茫无际涯、无穷无尽的；认为日月星辰是在无垠的宇宙中自由运行的。他们否定了当时流行的天是包在地外面的一层壳的概念，主张天是高远无极的，日月及众星都自然运行在这个虚空之中。因为这派学者总在夜晚观测天象，所以他们被后人称为"宣夜派"，他们的学说被称为"宣夜说"。

从现在所掌握的资料来看，我国最早从科学哲理上对宇宙体系作出推测的人是邓牧（1247年—1306年）。邓牧是宋代末年的一名学者。当宋被灭亡以后，他怀着亡国的悲痛心情，在余杭隐居，还把自己写的诗文六十余篇汇成一卷，书名叫《伯牙

琴》。书中的内容大部分是抨击暴君，以及幻想废除吏治，实行自治。其中有一段话不但具有哲理性，还具有科学性，它的主体意思是：天地是如此之大，但在宇宙虚空中只不过是一粒米而已；宇宙虚空就像是一棵大树，天地只不过是其中的一个果实；宇宙虚空又像是一个国家，天地就像是其中的一个人。一棵大树，绝不会只有一个果实；一个国家，也不会只有一个人。那种所谓天地之外再也没有别的天地的说法，是多么没有道理啊！

　　邓牧虽没有提到外星人，但从他这段带有朴素宇宙观的话中，我们能够感到，他的观点与刚才所说到的古希腊学者梅曲鲁多罗斯的话有着异曲同工之妙，他们不谋而合，都认为外星生命是普遍存在的。

陨石带来了什么信息

陨石是流星体经过地球大气层时，没有完全烧毁而落在地面上的，含石质较多或全部为石质的陨星。也就是说陨石是来自于宇宙空间的天体，因此，对陨石的研究会有助于我们对宇宙空间的探索。那么陨石会给我们带来什么信息呢？

人类还没有登上月球以前，我们唯一能够获得的宇宙物质的实物标本就是陨石。现在，虽然有了来自月球的岩石标本，但陨石的研究价值还是不容忽视的。因为陨石来自更广阔的宇宙空间，能够给我们带来更多的宇宙信息。

那么，陨石是否给过我们外星生命的信息呢？

对于这个问题，人们还没有统一、肯定的意见。有人认为陨石中一些不明的、似藻类的、被称为"组织化成分"的，就是生命的痕迹。但还有一些研究者则认为，这只是一种非生命成因的粒子。虽然对于这一现象，人们的意见一直无法统一，但是人们却能够肯定一点，那就是陨石中确实存在有可能构成生命的有机化合物。

1806年，在法国阿莱斯地区坠落了一块陨石。人们立即对此展开了研究，在研究该陨石时，人们发现在这块陨石中含有许多酷似地球上的腐土那样的碳化合物。因此，人们很自然地就想到：这是否表明地球外的某个天体上存在着生物？1838年和1857年，又有类似的两块陨石分别落在南非科尔德－博凯维尔德及匈牙利科巴。后来它们都被送到德国著名的化学家维勒手中。维勒从南非的那块陨石中居然提取出一种油类物质，研究结果表明油类物质是一种有机化合物。所以他推测，这块陨石来自有生命存在的天体。

随着科学技术的不断提高，人们在陨石中发现了越来越多的有机物种类，其中有构成蛋白质的氨基酸，构成核酸的嘌呤与嘧啶，还有和动物血红素与植物叶绿素有密切关系的卟啉，等等，大约有六七十种之多。尤其是在 1961 年，美国的纳齐和克劳斯居然在陨石中找到了非常类似于水中藻类化石的微小物体，它看上去好

像是单细胞微生物，在其内部还呈现出了类似于细胞分裂的形状，这在当时非常轰动。但是，也有人怀疑，陨石中这些有机物，可能不是从宇宙中带来的，而是在坠落过程中，或坠落以后，或者是在人们发现后的运送过程中，污染上去的。苏联科学家就曾做过这样一个实验：他们把经过杀菌消毒处理的陨石埋到地里，4 天后取出进行检验，结果发现，陨石的中心都已被微生物所污染。

但是，专家们发现各种有机物都有左型、右型的区别。也就是说它们虽然具有完全相同的化学成分和极为相似的物理化学性质，但分子中的原子或者是原子团的空间配置，却有左右的分别，就如同我们的双手一样。最有趣的是，地球上和生命有关的有机物都是左型，人工合成的有机物却是左、右型的出现率各为 50%。而人们对陨石中的有机物进行了检验之后，发现它们的左右型是大致各半。这就说明，它们应该不是地球生物污染的结果；当然也不可能是经人工合成后故意沾上去的，而只可能是陨石自身带来的。

飞碟为何不和我们接触

一直以来，不断地有人声称看到了飞碟，但却几乎没有人提到飞碟和人类相接触的事例。许多人都说看到了飞碟，但飞碟大多只在空中停留或盘旋后就消失了踪影。这引起了人们的种种猜测，那么飞碟为何不和我们接触呢？

在许多有关"飞碟"事件的描述中，除了有人声称自己被外星人俘虏、绑架外，就未曾出现过飞碟与人类的接触，尤其是在大庭广众之下出现与外星人接触的事件。这一点也因此成为反对"飞碟"是宇宙来客的学者所持有的最有力的证据。他们指出：如果"飞碟"确实是外星来客，为什么他们要这样神神秘秘而不公开露面呢？

主张"飞碟"是宇宙访客的人，提出了许多他们认为外星人不和人类公开接触的理由，来反击这些质疑。

理由之一：这些"飞碟"是从技术文明程度远比我们要高很多的天体上来的。它们拥有高超的科学技术，所以即使不和我们有任何接触，也能探索和了解到他们想知道的一切情况。

理由之二：外星人和地球人处于完全不同的文明阶段，他们看人类社会，就像人类在观察低级的蚂蚁社会一样。虽然人类会

对蚂蚁社会的各种情形有兴趣，但却绝不会去介入蚂蚁社会的生活，因此，同一道理，外星人也无意介入人类的生活，所以他们只是悄悄地行动，并不和人类有所接触。

理由之三：目前地球社会的发展状况，对于具有高科技文明的外星人来说，就如一面历史镜子，从中他们可以了解自己的历史，这就像我们通过了解那些发展滞后的民族来认识自己的过去一样。为了更加符合社会进化的客观进程，所以他们也宁可静观其变。

理由之四："飞碟"或许来自一些不怀好意的敌对星球。外星人正在筹划对地球进行侵略，"飞碟"是他们派出的间谍侦察工具，而间谍是绝不会以真面目出现的。

这些解释似乎有一些道理，但是让人困惑的是，为什么在远古时期，外星人在与人类的接触中留下了大量的历史遗址，而进入现代文明，外星人反而不愿再与人类进行直接接触了呢？

外星文明有哪几种类型

对于外星文明，人类无法探究真实的情况，因此人们只好进行猜想。有些学者甚至已将外星文明分出了类型，那么他们是按照什么标准来分类的呢？又是分为哪几种类型呢？

21世纪是科技快速发展的时代，虽然我们对外星文明尚一无所知，但科学家们坚信，宇宙中除了地球文明，还存在着更加先进、更加高级的其他文明。

按照苏联天文学家卡尔达肖夫的观点，宇宙中的文明世界可以按其对能源的掌握本领划分为三种类型：

Ⅰ型文明，是指只能控制本星球的文明。这种文明只能利用本星球的矿藏能源，在本星球上耕地种植、生产和居住。我们的地球文明即属于这种低级的文明。

Ⅱ型文明，是指能够掌控所属行星系整个行星系统的文明。按照这种理论，当我们地球人将来能掌握太阳系内任何天体的物质和

能源时，就进入了Ⅱ型文明的世界。根据卡尔达肖夫的估计，目前地球文明约能制造出 400 万瓦的动力。若按每年增长 4% ~ 5% 的水平继续下去，大约经过3 200 年左右，即公元 5165 年（从 1964 年算起），地球便有可能进入Ⅱ型文明世界。那时，人类将能生产出相当于太阳发射功率的动力。卡尔达肖夫还认为，Ⅱ型文明将具有能够发射到银河系任何一个地方都能探测到的信号的能力。还可以通过改变主恒星的亮度，来表现星球的存在。

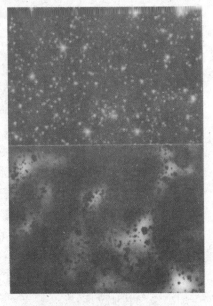

Ⅲ型文明，是指能够掌握整个像银河系这样星系的文明。银河系的规模在宇宙中是微乎其微的，但与地球相比，却浩瀚无比。银河系拥有近 2 000 亿颗恒星。当人类的文明能够掌握整个银河系时，地球便进入Ⅲ型文明社会。Ⅲ型文明能够发射出使整个宇宙的任何角落都能探测到的信号，Ⅲ型文明还具有提高整个星系亮度的能力。

科学家相信，不论是银河系，还是在宇宙的其他地方，都可能存在处于Ⅱ型或Ⅲ型文明阶段的星球，只是限于我们自己的技术能力，还无法发现他们的存在。就像我们在地球上，尽管已有无线电通信和电视，可以把信息传播到地球的任何一处角落，但对于那些仍处于落后状态的原始部落民族来说，却仍然毫无用途一样。更有人相信，众说纷纭的"飞碟"就是这些处于高级文明阶段的外星世界派来的使者。

为什么选择 21 厘米波

人 类一直坚信有外星人的存在，所以科学家们不仅向宇宙间的星球发射地球文明的存在信号，还向它们发射一种电波，以期能够与外星人交流。科学家通过慎重比较，最终选择了 21 厘米波，这有什么原因呢？

关注外星文明的人都知道，科学家们在"奥兹玛"等宇宙探测计划中，在众多的波长中选择了 21 厘米波这一普通波长的电波用来与外星人交流。为什么科学家们选择 21 厘米波呢？

这是因为在 20 世纪 40 年代，荷兰天文学家范德胡斯特首先提出，在宇宙条件下，处于接近绝对零度的氢原子发射出的是波长为 21 厘米、频率为 1420 兆赫的电波。这种推想经美国物理学家柏赛尔证实，确实存在这种波。

1959 年，美国康奈尔大学教授莫里逊和柯康尼指出，如果不考虑外星人无意中泄露出来的电波，那么，当外星智慧生命希望与外界取得联系，选择发射电波的波长时，他们一定会考虑到以下三个因素：

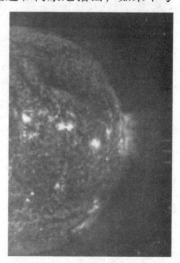

1. 由于宇宙中自身会发出强烈电波的天体相当多，为避免这些"宇宙噪音"的干扰，选择的电波波长必然限定在 30 厘米以内；

2. 能接收电波的外星人居住的天体，必然存在于大气层，为减少大气分子对微波的散射，波长又必须限定在 1 厘米以上；

3. 氢原子是一种宇宙中普遍存在的物质，所以它产生的 21 厘米波是宇宙中最普遍存在的电磁辐射，在任何地方都可以被收到。因此宇宙中任何一个文明世界都会十分熟悉这一波长的电波。故而，外星人很可能选择这一他们自己能收到、别的文明世界也能收到的电波来传递信息。

正是基于这些方面的考虑，人们在执行"奥兹玛"计划时，选择了以 21 厘米波作为监听的波长。但两次"奥兹玛"计划以及其他相类似的搜寻计划的失败，又给人们提出了警醒和提示，选择 21 厘米波究竟是否正确？21 厘米波虽然容易被认识并使用，但在背景辐射太强的宇宙中，也存在易受干扰的巨大缺陷，所以也会存在这样一种可能，外星智慧生物也许会故意避开这一波长，而采用其他波长来传递信息。到底什么样的波长会给人类带来意外的惊喜，科学家们还在探索中。

什么时候能找到外星人

虽然人们设想宇宙中存在外星人，但是人们还从未找到过外星人。人们采用发射地球文明信号和传播信息的电波，但直到现在仍然是一无所获。人们不禁要问，我们到底什么时候能找到外星人？科学家对此作出了预测。

相信地外文明存在的读者，一定非常关心一个问题，即我们到底什么时候才能找到外星人？这个看似遥遥无期的问题，在人类科技高度发达的今天，科学家们做出了前景预测。

1950年，苏联发射的第一颗人造卫星，是人类真正迈向宇宙探测的第一步。回首半个多世纪的历程，我们惊喜地看到，空间科学已经取得了十分巨大的进展，我们的无人宇宙探测器，已几乎探测遍了太阳系的各个天体，而且还跨出太阳系，踏上了远航其他星系的征途。目前，地球文明不仅有了可在地球轨道上长期飞行的载人太空站，还实现了登月计划，火星之旅也已在科学家的筹划之中。

在监听地外信息方面，我们已执行了一期、二期"奥兹玛"计划，以及"凤凰"和"在家探寻外星智能"等计划。我们还制造出了不受地球大气干扰、能看得更远更清晰的太空望远镜。

半个多世纪来的众多的伟大成就，使许多人对地外文明探索的未来充满了乐观的希望。预计用不了多久，我们将会建成具有极高的监听分辨能力的"独眼巨

人"工程；会有更精密、更先进的电波检测仪器，足以分辨出非常微弱的信号。我们还可能在外太空建成不受地球大气屏蔽影响、不受人为电波干扰的太空监听站，甚至也有可能实现利用火星激光束发射给外星人信号的设想……因此科学家预计，在21世纪的上半世纪，大约2030年—2050年前后，我们就有可能接触到地外文明。当然，这将主要通过无线电通信或激光通信来实现，而且接触的是一些相距我们"较近"的邻居。

事实上，由于探测设备的发展，科学家们目前已能捕获到远方的太阳系外行星所发出的微弱光线，并据此分析出它们化学组成上的一些细节。还有一个更令人鼓舞的消息是，2007年2月21日，英国《每日电信报》报道说，美国科学家已从一颗太阳系外行星的光谱中，发现有"多环芳烃"。大家都知道多环芳烃是构成生命遗传密码的核糖核酸（RNA）的组成成分之一，因此对于在该行星光谱中有关多环芳烃的发现，似乎预告着那里可能存在外星生命。虽然未必有高级的智慧生命，但也足以人人增强人们找到外星人的信心了。

为什么有的人反对寻找外星人

人们一直都对存在外星生命的问题抱有很大的兴趣，而且还不惜一切地探索、寻找。但是并不是所有人都具有这样的热情，有些学者就提出了反对意见，他们还提出了许多反对的理由，他们的理由到底是什么呢？

当人们满腔热情地寻找外星人的踪迹时，有些人却对这种努力提出了质疑。他们预言，这种轻举妄动的寻访工作，也许会给地球带来空前的灾难。

反对寻找外星人的典型代表是英国射电天文学家、诺贝尔奖获得者马丁·莱尔。1976年，他为此向

国际天文协会写了一封公开信，认为我们绝不应向其他星体发射无线电信息，免得怀有敌意的外星人获悉我们的存在。他认为，比我们先进的外星人也许是野心家，有可能为了消灭他们独霸宇宙的潜在对手，在探明我们的存在以后，会采取先发制人的手段，把我们置于他们的奴役之下，或者将地球文明摧毁。

另外一种观点认为，在科学极端发达的外星世界上，也许星球正在走向毁灭，而急于寻找避难所的外星人会把地球作为他们的首选目标，大举入侵。

　　我们认为，这样的担心并非完全没有道理，就像我们地球上会有一些人、一些国家喜欢称雄称霸、想要天下第一一样，宇宙中也许也有这样的星球。但是，如果这些外星人能够远航其他星球，那么他们一定具有高级的文明，那他们在观念上可能是更进步的、理性的，他们更加懂得社会的进步和繁荣有着怎样的意义，也就会更多地倾向于和平与合作，并且一定如人类一样痛恨着战争与侵略。同样，宇宙中能够开发的星球，一定大大多于已具有文明的星球。那么他们当然没有必要冒着战争的危险，来与我们地球对抗。而且，无论我们的意愿如何，有关地球文明的信息早就已散发出去了，早已在地球周围形成了一个半径超过 50 光年的泄露球，我们其实早已无法躲藏了。

　　不过，事物发展都会有正反两方面，有利就会有弊，我们若是真的找到了外星人，那么，在日后宇宙交往中会出现什么情况，是利大呢？还是弊大呢？这都是无法预料的。所以我们有必要去做好一些应急的措施，做到有备无患。在这之中，人们推测，极有可能给我们带来危害的，大概还是一些我们并不了解的外星生物和微生物，就像在地球上，随着国际、洲际交往的增多，那些本来局限于某些个别区域的害虫和疾病，现在正扩展成为全球性的问题一样，这是我们必须想到并且要进行预防的问题。

新墨西哥州的 UFO 突现

我们发现，UFO 有时会像幽灵一样出现在人们的生活中，让人们猝不及防。它们以特殊的形式、特殊的样子和人类进行沟通、交流。那么，好奇而又充满防备心理的人类会有什么样的反应呢？

那东西看起来像是倒放的汽车

1964 后 4 月 24 日，天色已暗的新墨西哥州索可罗镇，一辆黑色的雪佛莱汽车正飞快地行驶着。

下午 5 时 45 分，当这辆车以明显超速的速度经过警察局时被罗尼·查莫拉警员发现，他马上开着巡逻车追了上去。

雪佛莱轿车的速度没有一点减慢的趋向，相反却以领先巡逻车 3 个车身的距离向郊外直驶过去。过了 5 分钟左右，两辆车子已经到了镇外。就在此时，查莫拉的耳际响起了震耳欲聋的声音，在他右前方 1 千米的天空中出现了明亮的火焰。查莫拉想到在那附近有一

座火药库，该不会是那座仓库爆炸了吧？查莫拉立刻朝那个方向开去。巡逻车驶离了大马路，开进右边没有铺柏油的小径。因为火药库被丘陵挡着，所以无法肯定它是否真的爆炸了。

这条小路不仅崎岖难行，而且相当荒凉，查莫拉除了专心驾驶之外，根本没有时间看一下那些火焰。火焰的形状就像是个漏斗，顶部的面积是底部的 2 倍，长度也有底部的 2 倍长。火焰几乎是静止不动的，但也能看出来它在缓慢地下降着，而且没有冒烟。

此时查莫拉开始觉得有些不对劲。如果是爆炸的话，是不应该没有烟的，而且火焰几乎不动，这就更不寻常了。而此时，轰轰作响的声音也逐渐降低。

要想看到火药库，就必须爬到丘陵顶上才行。由于坡度太陡了，他试了 3 次才爬上去，但声音和火焰也已经停止了。

来到丘陵顶上之后，查莫拉一直保持警戒，朝着西方慢慢开过去，因为他并不太清楚火药库的正确位置。

车的左边，即丘陵的南边是个下坡，下面是干河床。前进了 10 秒左右，他就看到那个发光体在河床上，散发着冷冷的光泽，与他的距离大约 250 米。从车上看过去，很像一部后车厢竖起来的车子。开始时他还以为是有人在恶作剧，但马上他就注意到在那辆"车"的旁边有 2 个白色的人影。

突然喷火的卵形 UFO

那两个人身材瘦小，看起来像侏儒，全身穿着白色的衣服。就在查莫拉看到他们的同时，其中一个也回头看到了查莫拉的车子，很明显对方也吓了一跳。

查莫拉以为他们两人发生交通事故了，所以马上开车过去。当时他没有仔细看那两个人，但好像和以前看到的不太一样。

查莫拉一边开下急坡，一边跟索可罗警署联络："索可罗 2 号呼叫索可罗警署，火药库附近似乎发生了交通事故，我现在要过去调查。"前进了几十米后，当他停车时，那两个人已经不见了。查莫拉下了车朝卵体物走过去，这时听到了两三声像是大声关门的声音，每次声音的间隔是 1 秒或 2 秒。

等到查莫拉距离该物体约 30 米的时候，突然响起了轰隆隆的声音，就和在追赶超速车时所听到的声音一样。声音由低到高，最后高到像是要震破耳膜一样。

就在声响发出的同时，他看到物体的下方喷出了火焰。火焰中间部分宽约 120 厘米，是橙色的，没有烟，但火焰碰到地面的地方却扬起了尘沙。

听到巨响又看到火焰，查莫拉以为这个物体大概快爆炸了，连忙跑开，但他跑的时候仍一直看着那个东西。物体的表面看起来滑溜溜的，很像金属，没有窗户或门，在它的中央部分，有一个很大的红色的圆形。那是一个半圆形，圆弧朝上，在下面有一条水平线。这图形的长宽约 60 厘米～70 厘米。查莫拉一面看着物体，一面跌跌撞撞地去开车。在慌乱之间也来不及捡起掉落的眼镜，便头也不回，开着车没命地向北急驶而去。过了 5 秒左右，他才回头看，只见那个物体已经上升到离地面 3 米～4 米的高度了。

查莫拉把车开下丘陵的另一面时，呜呜声忽然停止了，只听到"咻"的一声，那个物体便没了声息。查莫拉停下车来朝物体的方向

望去，发现它已经飞走了。

十是，查莫拉把车开回来捡起了眼镜，眼睛一直盯着那物体，并且用无线电跟署里联络，就在那时物体飞得越来越高也越来越远，最后飞过山头消失不见了。

这物体从在他面前发出响声和喷出火焰，直到消失在山后，其间只不过几十秒的时间而已，但对查莫拉来说，经历这种恐怖又超出常识范围的不寻常的事件，就好像已经过了很长的一段时间一样。

接到交通事故报告的贝斯警官很快赶过来了，当他看到查莫拉面无血色的脸庞时吓了一跳。

"到底出了什么事？怎么你好像看到鬼一样？"

"长官，我可能真的看到鬼了！"查莫拉有气无力地说。

现场留下 UFO 着陆的痕迹

查莫拉大略地说了事情的经过，贝斯感到很困惑。他不是十分相信这个一直深受信赖的部下所说的"看到 UFO"或是"看到两个外星人"这样的话，但他也不认为查莫拉是在说谎，因为他慌张惊惧的表情是很不正常的。

就在半信半疑之下，他跟着查莫拉来到了 UFO 降落的地点。在那里，他们发现有好几个新痕迹，这证明刚才可能真的发生了某些事情。

丁河床原本是一片草原，可是在那个物体着陆的地方却有一个圆形的烧焦的痕迹。特别是 UFO 的正下方中央部位的草，当时还冒着烟。而且 UFO 着陆时支撑用的支架，也在地面上留下了清楚的痕迹。

UFO 着陆时的压痕一共有 4 个，呈长椭圆形排列，深 8 厘米～10 厘米，宽 30 厘米～50 厘米，呈"U"字形，地面上土壤被压成了硬块。另外，在离压痕不远的地方，有 4 个直径 10 厘米左右的浅圆形凹洞。经过检查，他越来越相信查莫拉所说的了。因为这些痕迹并不像是偶然或自然形成的。当查莫拉指着小圆孔说"这是外星人的脚印"时，贝斯连摇头否定的自信都没有。

空军也承认索可罗事件

由于索可罗 UFO 事件的目击者是现职警官，而且现场有很明显的痕迹，所以可说是可信度很高的 UFO 事件。对于 UFO 事件极为重视的空军调查机关，也在事件发生 4 天之后派了调查团前往现场，连 FBI 也展开了调查。有位物理学家在看过那些痕迹后推测，形成这些痕迹的物体重约 7 吨 ~9 吨，而且从留下的痕迹并不对称的情形来看，UFO 的支架有可能是为了在崎岖不平的地方能平稳着陆而特别设计的。

当时空军调查机关的负责人吉尼尔少校，对于长达 16 页的调查报告以"尚未证实"作了总结。要点如下：

"罗尼·查莫拉自称曾看到某些不明飞行物体一事是可以肯定的，而查莫拉也很值得信赖。他对自己所看到的一切感到相当疑惑，老实说我们也是如此。虽然此事件拥有详细的记录，但到今天为止，我们仍没有调查出查莫拉所目击的物体是什么，其他线索也没有找到。"

据说当时对 UFO 着陆现场的土壤和草木进行分析的某科学家曾在烧焦的灌木树干中发现了两三种不明物质。但在分析完成不久，马上有空军职员将分析资料及样本拿走，并且不准查莫拉将那些事说出去。

由此我们可以判断美国空军有着不可告人的秘密。

虽然查莫拉看到的卵型物体和白色外星人至今仍是个谜，但至少他们——空军和美国政府的情报机关，一定获知了某些我们所不知道的事情。

载于正史的飞碟绑架案

史分多种，有正史有野史。在人们看来，正史的记载是相对可信的，在我国的正史中就曾经有关于飞碟绑架案件的记载，这就让人心生疑惑了，这是古人的笔误吗？还是真有其事？

正史记载的不明飞行物

提及"正史"，在人们的印象中就应该是官府记载下来的历史。这些记载有的是宫廷中史官所作，有的是各地、州、省、府地方官员的记载，在名称上有的叫"州志"，有的叫"府专"，也有的叫"县志"。这种地方志由地方正式官员记载并随时向上级报告，非常重大的事件不仅要层层上报而且还要再次记录在朝廷的正史之中。在中国的历史上，历朝历代各地都有"地方志"，所以如遇重大事件，朝廷和地方的记载是相互对应的，所以地方志也是正史的一部分。

中国正史的"天文志"中有记载的"不明飞行物事件"甚至可以说几乎很明确的"飞碟事件"有千件之多。不过，疑似飞碟绑架的事件却不算多，特别是人口的异常失踪事件，伴随有"不明飞行物现象"的虽然也有，但是在科学不发达、民智未开的古代，人们当然不会知道什么 UFO、飞碟与外星人，所以这类神秘绑架事件在古人眼里多半会和灵异鬼神联系在一起，所以这样的事件

只能列于"五行志"或"灾异志"里面。还有可能就是记载这件事的人把它当作灵异事件来记叙描写，所以有很多事实现在就难以推断其真相了。

在正史中的疑似飞碟绑架的事件中，以发生在130年前湖北省境内的一位姓覃的农人随飞碟飞天的离奇遭遇最有说服力：

原文是这样的："清朝，湖北松滋县志（清德宗光绪六年五月初八日）：西岩嘴覃某，田家子池。光绪六年五月初八，晨起信步往屋后山林，见丛间有一物，光彩异常，五色鲜艳。即往捕之，忽觉身自飘举，若在云端，耳旁飒飒有声，精神懵懂，身体不能自由，忽然自高坠下，乃一峻岭也，覃某如梦初醒，惊骇异常。移时来一樵者，询之，答曰：'余湖北松滋人也。'樵夫诧曰：'子胡为乎来哉？此贵州境内，去尔处千余里矣！'指其途径下山。覃丐而归，抵家已逾十八日矣。"

将上面的文字翻译过来就是：在1880年6月15日，湖北松滋县西岩嘴的地方有一个叫覃某的农民，早晨起来信步走到屋后面的山林里散步，忽然看见丛林有一个物体正发出五光十色的光芒。于是他上前去捕这个东西，忽然他觉得身体不由自主地飘起来，仿佛在云间飞翔，耳朵旁也响起了飒飒作响的风声。他的思想意识一下子变得模糊起来，身体也不受自己的意志控制。一会儿之后，他忽然从高空落下来，落在一座高山上。覃某像大梦方醒一样，清醒之后他感到非常害怕。不一会儿过来了一个樵夫，樵夫问覃姓农民他来自哪里，他回答说："我是湖北松滋人。"樵夫很惊诧，说："你为什么到这里来呢？这里可是贵州，离你那里有千余里了。"然后樵夫告诉他下山的路。覃姓农民沿路乞讨走了18天才最终回到家中。

正史背后的事实推断

这可以算得上是中国正史上最具代表性的"不明飞行物"事件，虽然严格地说当事人并非被外星人有计划地绑架，而是主动去捕捉"不明飞行物"，不料反而意外地被带往空中。以当时中国的科学发展状况及当事人农夫的身份与知识水平，他没有主观地加上神鬼妖怪的说法，反而据实地说出自己被"不明飞行物"带往空中，落于五六百千米外的另一省份，更让这件事显得极其真实，非常具有参考及探讨的价值：

分析一，1930 年英国莱特兄弟发明了现代可载人的飞机，所以这件在 1880 年中国境内的"飞碟绑架疑案"发生的当时，世界上还没有任何由人类发明的速度如此之快的飞行物，中国当然也不会有。

分析二，通读全文后可以发现，这位当事人可能没有进入"不明飞行物"的内部，只是吸在外面被意外地带上了高空，究竟他是被"钩"住或是被某种力量"吸"住，或者是当事人自己以双手抓住了"不明飞行物"的某些突出部分，文中并未说明。不过有一点可以肯定，该物在空中飞行的时间并不很长，而且"不明飞行物"内部的驾驶者对他并无恶意，这点由他最后从高空安全坠落下来一事可以看出来，他肯定不是从高空以自然落体的速度坠落地面，否则绝不可能不死亡甚至不受伤的。据此可以推断，他的落下可能是

"五色鲜艳"之物用某种方式使他下降的速度减缓从而安然无恙地落到地面上。此外还有，文中提及"有一物，光彩异常，五色鲜艳"而最后又能载着他飞入空中，一飞千里，显然与长久以来传闻中"飞碟"一样，否则也难有更好的解释了。

分析三，从地图上分析，从湖北省的松滋县到贵州省境内，虽然文中未提具体的降落地点，如果假设是在贵州省东北方最接近湖北省一带，直线的距离也有五六百千米，而原文中那位樵夫说："……此贵州境内，去尔处千余里矣！"在距离上，他并没有说错，也不是夸张，因为中国古代是通用"华里"来计算距离，1 千米等于 2 华里，因此五六百千米确实等于千余华里。

分析四，古文中没有提及这位农民被不明飞行物在空中载着飞行了多长时间才落下的，所以我们也就无法推断飞行物从湖北松滋县到贵州用了多少时间。不过可以假设一下，如果他是用手抓住飞行物的某个突出部分而在空中飞行的话，那么就算是一个成年的男子，双手能支持的时间也不过一二十分钟，不可能再久了。

分析五，我们可以顺着上一点继续推断。以现代喷气式客机的速度为参照，行进四五十分钟是五六百千米的距离，行进这么长的距离如果速度达到两三千米以上，相对的空气阻力即风速也必然如此，那么这个农民怎么能承受得了呢？

分析六，也许不明飞行物当时已经意识到外面有异物，于是就放慢了速度以便摆脱这个不速之客，同时里面的生物可能也不想让

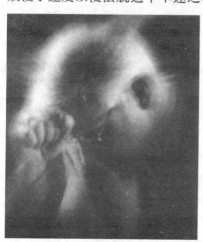

他受到伤害，于是让他平稳安全地落下来，只是落下的地方离他的家乡比较远。

分析七，其实乘过飞机的人都知道，一般的飞机飞行高度都比较高，在那里气温能低到 -30℃以下，空气稀薄，气压很低，正常人在这种情形下会被冻死。但是文中并没有提到农人觉得寒冷，这就说明不明飞行物并没有飞得特别高，也许它只是在几千

米的云端甚至更低的地方作低空飞行以保证农人的安全。

分析八，也许可以这样推测：飞碟在起飞的时候启动了一种"空间转换"的装置，那位农人恰好在那个时候扑了过去，然后恰好进入了那个装置中。为了安全进行"空间转换"，也许飞碟的外面还有一层"防护罩"，这种由某种能量构成的防护罩启动的时间恰好是覃姓农人扑过去的瞬间，所以农人就随飞碟一起飞上了空中。

分析九，文中最后说农人沿路乞讨了18天才回到家里，从贵州到湖北中间的实际距离大概有七八百千米，18天里平均每天走三四十千米才能在这个时间里回到家，而这个速度在一个正常的成年人来讲是非常可能的。

好在农人没有被飞碟半路抛下落在地上摔死，也没有在空中被冻成冰，也幸好他平安地走了七八百千米的路最终回到了家里，否则这段极富传奇色彩的经历恐怕就不会被载入正史，我们也就没有机会看到这个发生在一百多年前的"飞碟"事件了，以上所作的推断，依常识来看是比较符合事实的，所以发生在一百多年前的这件飞碟事件，也许确是真有其事。

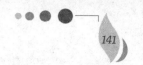
不明飞行物的沙漠机场之行

沙漠戈壁等荒无人烟的地方是 UFO 经常出没之地，UFO 为什么会选择这些荒凉之地作为着陆点呢？它们是在避开人类的追踪进行秘密行动吗？

院士们的考察发现

1998 年 9 月底，王大珩、罗沛霖、崔俊芝几位院士来到巴丹吉林沙漠，几位院士要在这里作一段时期的沙漠考察。

转眼到了中秋节，也恰逢杨士中院士过生日，沙漠基地为院士过了一个别具意义的生日，院士们当时都很感动，席间提及晚上要在机场作试验，大家决定一起去看看。

就是在这个基地上，曾经发生过目击 UFO 的事件，其中一位叫赵煦的无人驾驶飞机专家、空军专业技术少将就曾亲眼目击过 UFO 出现在天空中的情景。两个月前的 8 月 6 日晚，像中秋节晚上一样，赵煦正领导科研小组进行试验。当时飞机准备从跑道由南向北起飞，就在这时，突然跑道北边一上一下两个巨大火团从天而降。"当时在

场的人都感到这两团火就要烧过来了，纷纷下意识地躲避。"赵煦头脑冷静，马上招呼塔台上的人赶快下来拍摄。当摄像的人跌跌撞撞下来后，这两团火球又腾空而起。火球从里向外辐射出几道光束，来去无踪，没有任何声息。

　　1999 年春节刚过，中国科学院古脊椎动物与古人类研究所向几家媒体介绍关于硬骨鱼起源课题的一项新的研究成果，会后恐龙专家赵喜进对众人提起，几年前在新疆戈壁滩上进行恐龙化石考察时，他和恐龙专家董枝明等人曾亲眼看到过一次 UFO。当时他正从帐篷里出来，一抬头望见远处一断崖上方一个耀眼的巨大物体正在移动，光焰照亮了半边天空。当时他一下没有反应过来，好一会儿头脑里才意识到这可能是不明飞行物。他回身从帐篷里提起枪，又大声呼喊其他人出来观看。这时董枝明撩开帐篷也目睹了这一罕见场面。当时没有任何飞行器有如此大的能量，所以当时也没有人开枪射击去以卵击石。

　　许多目击报告都认为这是不明飞行物，戈壁沙漠是 UFO 事件的多发区，一是由于地广人稀，二是因为能见度好。也许还有其他原因，只是人们至今还不知晓。

　　其实发生在机场上空的不明飞行物骤现的现象于今不在少数。

　　1998 年 10 月 19 日 11 时左右，河北沧州空军某机场上空发现不明飞行物。当时雷达报告：有一个物体在空中移动，就在机场上空，正向东北方向迅速飞去。同一时间，机场上的工作人员也发现了头顶上空有一个亮点，起初像星星，一红一白，并且在不停地旋转。也许是由于飞行物降低了高度而使轮廓变大了，所以它看上去很像一个蘑菇，下部似乎有很多灯，其中一盏较大，一直照射向地面。

　　但航管部门迅速证实，这个机场上空没有民航飞行通过，而空军部队的夜航训练也已于半小时前结束。那么这很可能是外来飞行器，部队立即进入一等战略准备。

到晚上 11 时 30 分，雷达报告不明飞行物已到河北青县上空并悬停在那里，高度大约是 1 500 米。

伴随着一发绿色信号弹升空，同时一架歼击机拖着火舌轰鸣着飞入夜空，飞行员是飞行副团长和飞行大队长。他们根据地面指挥的方位、高度驾驶飞机到达目标所在位置，他们很快发现了这个飞行物：轮廓呈圆形，顶部为弧形，底部平，下部有一排排的灯，光柱向下，边缘有一盏红灯，整个形状看起来就像巨大的草帽！夜航指挥李副司令员命令飞行员向那个飞行物靠近。在飞机距离飞行物大约 4 000 米时，飞行物突然上升。飞行员立即驾机爬高，当飞机不断上升时，飞行物却来到飞机的正上方，可见这个不明飞行物飞得比飞机速度要快的多。飞行员决定试探一下这个飞行物，突然改变飞行方向并下降高度，与飞行物拉开了距离。而这时候，那个飞行物似乎很有灵性也尾随而来。两位飞行员抓住时机突然加力，想要占据高度优势，飞机突然跃升倒飞，但当飞机改为平飞时他们发现，飞行物不知何时已经比他们高出 2 000 米了。飞行员驾驶飞机继续追击飞行物，副团长刘明把飞行物套进瞄准聚光环，打开了扳机保险，同时请示是否要将其击落。李副司令要求他们不要着急，先看清楚是什么再说。虽然飞机已经加大了油门，但仍然无法靠近该飞行物，飞机上升到 1.2 万米时，飞行物早已在 2 万米的高空。这时飞机油量发出告警信号，再追下去燃料将告急。地面指挥只好命令飞机返航，让地面雷达继续跟踪监视。当两架新型战斗机准备要升空捕捉这个飞行物时，它已经摆脱了雷达监视不见踪影了。

UFO 的"异变"

UFO到底是什么样的，对于没有见过 UFO 的人来说，任何异于平常的天体现象都可能被视作 UFO，那么，有哪些和 UFO 形似的现象呢？

陨石和彗星

陨石一般又被叫作"流星"，它并非星星，而是星星的碎片受地心引力吸引而穿过地球大气层时因与其摩擦而燃烧发出的亮光。陨石的大小很不均匀，从像砂粒那么小到重达数吨那么大，每天都有非常多的陨石在地球大气层燃烧掉或未燃烧掉而坠落地面。

很多陨石看起来就像一道闪光或是快速移动而寿命很短的星星，它带有一条发光的尾巴，有时会有多个一起快速越过天空，但此情况不多。正常情况下，陨石出现的时间也就是数秒钟，根本不到一分钟。陨石的头部情况很少能观察到，它是如针状的光线，光线突然出现、增大，然后消失得无影无踪。有时候陨石本身会裂成许多小块或爆裂成碎片。

有时候，在特殊情况下，陨石发出的光使它看起来像一个火球，人们就误认为那是 UFO。虽然有时候陨石在几千平方千米的范围内都能

够看到，但每个目睹"火球"的人都会觉得它是从附近越过的，或是在前面不远处坠落。"火球"的形状有时呈现巨大发亮的燃烧状、盘状或有如汤匙状等。目击者常将其形容为"大如月亮"或如同"飞机坠毁"。这些陨石常常呈现出白、绿、黄、红或是这些不同色彩交织的色调。有些陨石还会在其飞过的途中留下发亮的尾巴，有时会在消失前持续几分钟。还有时候这种火球飞过时还会发出呼啸的声音。其中大多数陨石只会维持几秒钟左右，而也有例外的会持续很久，还会由一个水平面飞到另一个平面。有些陨石的亮度非常高，在白天都能从地面上看到。

虽然任何晴空夜晚都可看到陨石，但全年中也有所谓"流星出现期"，在"流星出现期"人们会在1小时内看到50颗以上的流星，也就是陨石。当陨石的坠落轨道与地球运行轨道一致时，地球的某区域越过陨石在太空中的残骸与尘埃时就会造成"流星雨"。这其中有一部分是彗星的残骸。当陨石出现时，我们就以星座作为参考点，因为发亮的陨石经常是出现在某一特殊星座的天空附近。人们把天空中这些区域称为"辐射点"。

彗星是由冻结的气体和固体物质共同构成的。有些彗星属于太阳系的一分子，沿着一条极大的椭圆轨道围绕太阳旋转，它的轨道是可以预测的，称为周期性彗星；还有的彗星是来自遥远的地方，每年所发现的彗星非常多，但大部分只能以双筒望远镜或天文望远镜才能看得到。发亮光的彗星比较稀少，有一部分在1个世纪中仅出现1次。

当彗星接近太阳时，它被熔解的蒸发气体就形成耀眼的光芒围在没有冻结的核心的四周，成为白色光环；在中心核之后经常拖着发亮的尾巴，一直向太阳接近；此时来自太阳的引力使得尾巴推着核心向前，因此彗星的尾巴通常是在背着太阳的方向。

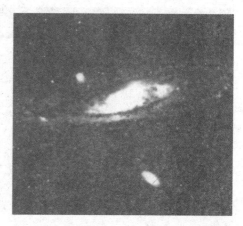

人们发现一颗光亮的彗星的时候通常都会公开宣布，因此根据目击者的描述鉴别彗星并不困难。但是肉眼无法马上看到明显移动，其移动行踪只有在晚上才能比较容易观察到。由于发亮的彗星较少，所以它们很少被误认为是 UFO。最有名的周期性彗星就是哈雷彗星，它每隔 76 年出现一次，最近一次出现在 1986 年。

月亮、北极光、球状闪电及沼泽光

很多时候上升或下降时带红色的月亮常被误认为是 UFO。尤其是在比半月大、比满月小的情况下。这是因为大气和云层环境伴随着折射和散射现象常使得月亮形状发生扭曲变形，所以使在地面上受惊吓的目击者无法辨别。就像看星星与行星的情况一样，当目击者在地平线上看到月亮或是透过云层、雾去看时，便会觉得是被不明发光体追逐。在一般农历中都详细记载着月亮上升与下降的时间和每个月当中月亮形状的变化。月亮和行星是一样的，都依黄道面的星座轨道运转，所以可以由月亮在接近某一星座时来绘出月亮的正确位置。

北极光是一种大气电磁现象，主要是由地球的磁场与太阳互相作用而形成的，只有晚上才能看到。北极光就像一团散开的光线、发光幕布或是浪状光带在北极天空中闪烁，多呈现白色、黄绿色，有时为红色、蓝色、灰色或是紫色。北极光在北纬23°区域的北半球能够看到，而很少在纬度为45°以下看到，北极光也很少被误认

是 UFO。

球状闪电。球状闪电是直径十几厘米的类似移动性发光球的大气现象。它通常在雷暴期间的地面附近出现，它的颜色多数是红、橙或黄色，大多数时候伴有嘶嘶声和特殊的气味。它只持续几秒钟就会突然消失，有时候无声或有爆炸声。以前曾经发生过因球状闪电引起燃烧并使金属熔化而造成灾害的事件。它和普通闪电是否有关系现在还并不确定，它的成因也还不清楚。

对于球状闪电，一些学者作出了如下几种解释：空气和气体的活动出现反常；密度大的等离子体；含有发光体的空气涡旋；等离子层内的微波辐射。

球状闪电产生的原因之一是等离子体态。近年来有一些研究等离子体的物理学家认为，UFO 现象大概都是这种自然现象，所以在几次 UFO 会议上引起争论。一般认为等离子体态导致的球状闪电被误认为是 UFO 的情况是存在的，但球状闪电理论却无法解释所有 UFO 现象。

沼泽火光。沼泽气体常发生在热带以及中纬度的沼泽低洼地区。沼泽气体还被称为沼泽火光，它常呈现如同蜡烛光大小，长度约有十几厘米长，四五厘米宽。其一般呈现蓝色、绿色、红色或黄色，但未曾看到过白色的。这种现象发生时，火光有时候成群存在，但有时候单独存在，常常是飘浮在空中近乎静止，不发热也没味道。引起这类现象的气体尚未被分析清楚，所以这类现象的发生原因也不明了。有人认为可能是由于自然界中存在的有机物在腐败之后产生的气体自燃发生的火光，这种因气体自燃形成的火光也常被误认为是 UFO。

海市蜃楼和圣爱尔摩火、龙卷风

海市蜃楼是因光线在不同密度的空气层中发生折射的现象，使远处景物显现在附近的虚幻景象。在特定条件下，比如在铺筑过的路面或沙漠上，空气由于受到强烈日光加热，就会向高处上升，然后又在高处急剧变冷，因此密度和折射率都增大。物体的上部向下反射的日光沿正常路径穿过冷空气时，由于角度关系通常是看不见的，但光在进入地面附近变稀薄的热空气后，则向上弯曲，再折射到观察者的眼中，从受热曲面之下发出的物体的正像似乎也能看到，这是由于一些反射光线没有发生折射沿直线进入眼中的结果。这样看到的好像是物体与其在水中反射出的倒影的双像一样。

当海市蜃楼以天空作为它的客体时，陆地就被当成湖面或是水面。有时陆地的上方，冷而密的空气层处于热层之下，这样就会出现相反的现象，因此海市蜃楼有时也会被误认为是 UFO。

等离子体态是不同于物质的固、液、气态的一种聚集状态，常常被称为物质第四态。它的组成成分有电子、正离子和原子或分子，正负电荷数几乎相等，而它的基本性质主要由粒子的集体性状决定的。宇宙中几乎所有物质都存在等离子体态。等离子体态的物理学发展与气体放电、磁流体力学和动力论的研究有关。20 世纪50 年代以后，人们对空间探索和受控热核聚变的研究很大程度上推动了对等离子体态的研究。前面提过的球状闪电就是等离子体态现象的一个很小的

部分。等离子体态现象与 UFO 的混乱关系是近年来 UFO 研究界的一项热门研究课题。

圣爱尔摩火是在空气中摩擦放电产生的火花。一般在暴风雨天气里发生，它的外表看起来很像教学塔楼或船桅等尖状物顶端的发光现象，而且还常常伴有噼里啪啦或嘶嘶的杂音。当飞机在雪、冰晶中，或者处于雷暴附近飞行时，一般在螺旋桨边缘、翼尖、风挡和机头部分能够观测到圣爱尔摩火，也即放电。飞机通常使用机械和电器设备来减少电荷的积聚，同时还采用改变飞行速度作为安全措施和预防放电或者使放电减至最低程度的方法。圣爱尔摩火的名字是来源于一个美丽的传说，传说圣爱尔摩是地中海水手的守护神。水手们都认为圣爱尔摩火是保佑他们的标志。由远处观察圣爱尔摩火时很容易将它误认为是 UFO，但在近处时，就很容易分辨出它只是由于放电所造成的。

有的龙卷风呈垂直于地面的发光柱体形状，它具有蓝色管心，而且光体还不断旋转，好像发出亮光的发亮火球。因此若是没有经验的人在远处看到这一现象时常常会以为那是 UFO，但只要靠近一看，就可以判断出这是一种由极大的风所形成的现象。

幻日、幻月及飞禽走兽

在与太阳或月亮处于同一高度上，经常会出现幻日、幻月现象，也就是在太阳或月亮两边适当的角度形成彩色光点。幻日一般呈淡红色，外部多数时候呈白色。幻日和幻月的产生是日光或月光在通过主轴呈垂直排列的六角形冰晶组成的薄片而形成的。而且，冰晶主轴在垂直于日光或月光平面上的排列是随机的。

有些鸟，尤其是白色鸟很容易反射阳光，这种现象常常看起来如移动的、发亮的神秘光点。

而迁徙性鸟类如海鸭或海鹅等，常在夜晚时分飞翔，而飞翔时常会反射月光或都市灯光，远看也像是移动性光点。还有时鸟类飞行时会因为翅膀振击水面使点呈现怪异飞行方式，远远看去也常被误认为是 UFO。在晴朗月光照耀的晚上，某些夜食性鸟类在追逐昆虫时也容易被视为飞行方式怪异的发光体。

有些昆虫，像蝴蝶或蜘蛛也容易被视为 UFO，特别是蜘蛛结在空中的网反射阳光时，看起来也很像是不明发光亮点。

还有一些具有发光能力的昆虫，在夏天夜晚时分常常看起来像是移动光点，也有被人们误认为是 UFO 的可能性。

再有，一些夜间飞行并且移动方式怪异的哺乳动物，比如蝙蝠，有些时候，可能也会被人们误认为是 UFO。

飞机与飞碟

固定班次的飞机白天在高空飞行时反射阳光，或者夜间降落时反射灯光，成为许多 UFO 的误判例子。有的飞机因特殊需要机尾也发出亮光，在远处看去，仿佛是一种不同寻常的发光亮点，夜间飞行时飞机的机舱内部是红色灯光，机体呈现透明状，若出远处看也会造成误解。

飞机的前灯有红色与绿色两种，按照一定距离装于两侧，左侧是红灯，右侧是绿灯；直升机的红灯与绿灯则通常分设在降落刹车装置或轮架的两侧，而后灯通常是白色的，并且尽量装置在后面。

大型飞机一般有旋转信号灯或防撞灯这类红灯，灯光需一定强度，而且每分钟依设定的速度旋转一定的圈数，它一般都是装在机身的上方与下方。还有些飞机装有频闪器，飞行时发出强烈的白色光线，而且光线是依一定频率闪烁的，频闪器通常是装在尾翼前侧。

　　而且多数飞机必须装有一个以上的降落灯，一般都是白色的寻物灯，而且通常装在机翼前侧。

　　降落灯与闪光灯在晴空夜晚从几千米外都能够看到。在高空中飞行的有降落灯亮点的飞机看起来仿佛闪烁不定的发光物体。而当飞机的降落灯突然打开又关掉的话，在地面看起来就仿佛是发光物突然出现又消失。飞机上其他的绿灯、红灯与白灯等由于功率低，并不能被看清楚，只有功率较高的降落灯能够被看清楚。传统的飞机按照其设计以及和地面目击者相对位置的不同，灯光的数量与位置看起来也都不同。所以从较近的距离仔细观看的话，就能从它标准的灯光设置系统、声音以及飞行的特征来判定。

　　而对于飞行在空中的非固定班次的其他种类的飞机所发出的灯光若是不熟悉，就容易判断失误。这是因为有些广告公司利用飞机上的灯光作为广告宣传之用，但这些广告灯光只有在近距离情况下才容易鉴别。因此当广告飞机越过购物中心、海边或公路等上空急转弯飞行时，从远处观看，飞机广告用的灯光就像闪烁不断的雪茄或卵形发光体。因为广告灯光比较明亮，飞机上其他灯光一般就无法被看到了。

　　有时候军用救难机上的灯光也会被误认为UFO。所以要想确定

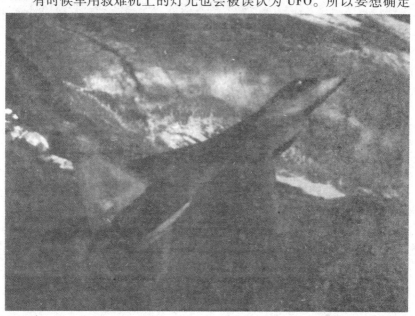

目击的不明飞行物是否就是军用救难机，最好的方法是将目击的详细资料，包括时间、地点、目击情况等告诉空军单位或 UFO 研究机构来进一步鉴定。

练习用飞机一般只在规定的练习区，但在进行空中表演时，有时也会偏离航道。这时候，人们也会将飞出练习区的飞机误认为是 UFO。

以前，曾经出现过这种情况，有一家公司制作广告用的飞艇及其灯光让许多人以为是看到了 UFO。这种情况下，若推测是 UFO 还是广告飞艇，可以去询问这些公司飞艇的飞行时间、地点与飞行路径等。

最容易被认为是 UFO 的是军用飞机所施放的发亮的镁闪光弹。每一个镁闪光弹都挂有降落伞能够缓缓下降。一般来说一个以上的镁闪光弹降落在海洋或是军队的弹道范围内，就会形成一长串光。在这种情况下的闪光亮度相当强，燃烧时间大约为三分钟。闪光弹的降落伞张开时降下的速度大约为 137.16 米/秒，而根据飞机高度和大气状况能够从很远的地方（超过 80 千米远）看到。在近距离情况下（大致 2 000 米）所看到的光是白色的，但距离越远颜色也就渐渐转为淡黄色，所以有时候易被人误认为是光色会变化的 UFO。

火箭、烟火以及高空爆炸的火花都有被误认为是 UFO 的可能性。但这些情况通常是在特定地点与时间发生，所以要鉴别并不是很困难。